Anne Hartmann und Silke Klöver

Rechnen

mit schrägen Geschichten

Sekundarstufe I

EDITION MoPÄD

Die Autorinnen:

Dr. Anne Hartmann – studierte in Münster und Bochum Germanistik und Slawistik. Nach der Promotion arbeitete sie als Deutschlektorin und -dozentin in Lüttich und Namur (Belgien) und ist seit 1988 als Wissenschaftliche Mitarbeiterin an der Ruhr-Universität Bochum tätig. Zahlreiche wissenschaftliche Publikationen, Übersetzungen und Anthologien.

Dr. Silke Klöver – studierte in Münster Slawistik, osteuropäische Geschichte und Anglistik. Anschließend arbeitete sie an einer Londoner Schule und in der deutschen Erwachsenenbildung. Von 1990 bis 1996 war sie als Lektorin an Hochschulen in Sibirien und Moskau tätig. Daneben Übersetzungstätigkeit und Erarbeitung von Studienmaterialien für Deutsch als Fremdsprache. Seit 1996 ist sie Projektleiterin in der internationalen Zusammenarbeit mit Schwerpunkt GUS.

Bereits erschienen:

- Rechnen mit spannenden Geschichten im Zwanziger- und Hunderterraum (ISBN 3-89358-283-5)
- Rechnen mit spannenden Geschichten – 3./4. Schuljahr (ISBN 3-89358-005-3)

Gedruckt auf umweltbewusst gefertigtem, chlorfrei gebleichtem und alterungsbeständigem Papier.

1. Auflage 2005

Grafik: Charlotte Wagner
Satz: media.design, Neumünster

ISBN 3-8344-**0559**-0

INHALT

Vorwort 4

Dem Täter auf der Spur: Püree und Marmel (Prozente) 5
Schneewittchen – Teil 1: Wie es weiterging (Dezimalzahlen) 7
Schneewittchens Brautkleid (Zeit- und Maßeinheiten) 9
Schneewittchen – Teil 2: Die Zeit danach (Zeit, Geld und negative Zahlen) 11
Robinson und Freitag – Teil 1: Freunde oder Fressfeinde? (Flächen) 13
Robinson und Freitag – Teil 2: Trostlose Tropen (Strecken und Flächen) 15
Familie Miefke (Quer durch den Rechengarten) 17
Der Elefant im Porzellanladen (Brüche und Dezimalbrüche) 19

Zwischendurch: Drei Limericks (Quer durch den Rechengarten) 22

Geheimagent James Blond (Produkte und Prozente) 24
Die berufliche Eingliederung der Vampire (Brüche und Prozente) 25
Die Rubriken des „Nachtkuriers“ (Prozente) 27
Die verfeindeten Nachbarburgen (Volumen und Prozente) 29
Alices aberwitzige Abenteuer im Wunderland – Teil 1 (Quer durch den Rechengarten) 31
Alices Abenteuer – Teil 2: Von Herzköniginnen und Hummern
(Quer durch den Rechengarten) 34
Tarzans tierischer Zahlendschungel (Flächen und Größenvergleiche) 37

Weitere Zwischendurch-Limericks (Dezimalzahlen und Prozente) 39

Ottos Mops (Gleichungen) 41
Schmidtchen-Schleicher (Zinsen und Zinseszinsen) 42
Die Gemäldegalerie (Funktionen und Graphen) 45
Das Nikolaus- und Osterhasen-Therapieseminar (Runden großer Zahlen) 47
Methusalix (Potenzen) 50
Der Turner Axel Schweiß (Brüche) 52
Die irren Fahrten des Odysseus – Teil 1 (Pythagoras und Quadratwurzeln) 54
Die irren Fahrten des Odysseus – Teil 2 (Brüche) 57
Der Mogelmagier (Volumen) 59

Zuguterletzt-Limericks (Quer durch den Rechengarten) 61

Lösungen 63

VORWORT

„Lass mich in Ruhe", sagte die Herzogin.
„Ich kann Zahlen nicht ausstehen."

(Aus: Lewis Carroll, Alice im Wunderland)

Textaufgaben sind wie das Leben:
grau, langweilig, lästig.

Textaufgaben sind wie das Leben:
vielseitig, anregend, spannend.

Na ja, es kommt schon darauf an, was einem – im Leben wie bei den Textaufgaben – so geboten wird. Zumindest für den Bereich der Textaufgaben soll im Folgenden Neugier geweckt und Abwechslung geschaffen werden. Die Rechengeschichten werfen allesamt einen schrägen Blick auf Situationen und Begebenheiten, die sich so wahrscheinlich nie zugetragen haben oder sich gar nicht ereignet haben können. Gerade deshalb verfremden sie den gewohnten Alltag, verrücken die gewohnte und gewöhnliche Sicht der Dinge und eröffnen neue Perspektiven: auf Textaufgaben und das Leben.

Die vorliegende Sammlung schließt an die Bände „Rechnen mit spannenden Geschichten im Zwanziger- und Hunderterraum" sowie „Rechnen mit spannenden Geschichten – 3./4. Schuljahr" an, ohne bloße Fortsetzung zu sein. Der Titel wurde für die Sekundarstufe ebenso verändert wie die Konzeption. Während die Aufgaben für die Grundschule in Form von Kurz- und Kürzestgeschichten daherkommen, wird für die Sekundarstufe mehr Text, eine richtige „Story" geboten: In einem Vorspann wird jeweils eine (Vor-)Geschichte skizziert, die dann in den einzelnen Aufgaben ausgesponnen, weitergeführt, differenziert wird. So kommen die Aufgaben der Mathematik wie dem Lesen zugute und machen hoffentlich Lust, selbst weiterzudenken und -zufabulieren.

Die „Themen" und die Rechenarten sind jeweils durch Überschriften benannt. Doch gibt es innerhalb mancher „Storys" auch schwierigere Aufgaben – Leckerbissen für Tüftler und Liebhaber –, die mit ! gekennzeichnet sind.

Das Projekt „Mathe & spannende / schräge Geschichten" verdankt seine Existenz unseren Kindern, die uns die Welt neu gezeigt haben, wovon wir etwas weitergeben wollten. Inzwischen, größer, älter geworden, sind sie längst mehr als indirekte Urheber, sondern sind als erste Leser und schärfste Kritiker, kreative Ideenlieferanten und geduldige Proberechner unmittelbar beteiligt. Daher widmen wir diesen Band unseren großen klugen Kindern Sophie und Christopher.

Zu danken haben wir auch Frau Kristina Poncin vom Persen Verlag, die diesen Band, wie schon die vorherigen, mit großer Sorgfalt und Sachkenntnis betreut hat. Nicht zuletzt danken wir Frau Charlotte Wagner für ihre einfühlsame Umsetzung unserer Ideen in Illustrationen.

Anne Hartmann und Silke Klöver

Dem Täter auf der Spur: Püree und Marmel

(Prozente)

Detektiv Herbert Püree wird achtzig. Mit zwanzig Jahren begann er seine Karriere als weltbester Schnüffler. 4.832-mal kam er dem Täter auf die Spur. Lediglich seine schärfste Konkurrentin, die gleichaltrige Miss Marmel war fast so erfolgreich wie er. Aber eben nur fast. Und deshalb verkündet Püree stolz vor dem Heer der internationalen Reporter:

1 „Ich will ja nicht ungalant sein. Aber Miss Marmel hat gerade mal 75 % meiner Erfolge aufzuweisen. Davon hat sie die Hälfte der Fälle auch nur mit der Hilfe des Agenten 0,7 in den Griff gekriegt. Streng genommen zählt das also nicht.

Während ich immerhin 80 % meines Lebens selbstständiger Detektiv war *(hier unterlief dem geschätzten Püree leider ein kleiner Rechenfehler),* war Miss Marmel von ihrem zwanzigsten bis zu ihrem vierzigsten Geburtstag bei Sherlock Holmes Azubine. Das sind immerhin *(oh weh, nicht alle Detektive können rechnen)* ⅔ ihres Lebens."
Zu welchen Ergebnissen kamen die Reporter, als sie die Erfolgsbilanzen von Püree und Marmel noch einmal genauestens nachrechneten?

2 „Das mag ja alles sein", bemerkte Miss Marmel eine Woche später auf ihrem Wiegenfest gegenüber den Reportern. „Aber dafür hatte ich immer brisantere Fälle als Herbert. Jeder 16. seiner angeblich sensationellen Erfolge erschien lediglich als kleine Notiz in der Lokalzeitung ‚Kaufen und Sparen'.

In 50 % dieser Fälle beschäftigte Herbert sich mit diebischen Butlern oder mit entführten Scotchterriern und 91-mal hatte Herbert mit Trickbetrügern und Heiratsschwindlern zu tun. Auch nicht so doll. Jeder, der ihn kennt, denkt an ‚Tod auf dem Rhein' oder ‚Mord im Rasenden Roland'."
Aber wie viele mehr oder weniger interessante Fälle hatte er, wenn wir die obigen Bagatellen nicht mitzählen? Na!!!???

3 Und dennoch: Als Herbert Püree vor etwa 40 Jahren seinen berühmtesten Fall „16.50 Uhr ab Bahnhof Zoo“ im Radio schilderte, bewunderten ihn von den 25 Millionen Frauen über 18 in Deutschland 66 % rückhaltlos. Und 95 % der 22 Millionen deutschen Männer zwischen 19 und 99 waren rasend eifersüchtig auf Herbert und seine Erfolge. Die restlichen 5 % interessierten sich nur für Fußball.
Wie stellen sich diese Prozentzahlen in absoluten Zahlen dar?

4

Ein dreifacher Tusch für Mabel Marmel!

Liebe Mabel, als Flaggschiff moderner Kriminalistik und als Speerspitze weiblicher Emanzipation hast du in 60 Jahren unermüdlichen Wirkens mehr als 55 Verbrecher zur Strecke gebracht. In jedem deiner vertrackten Fälle sind durchschnittlich 40 Verdächtige durch deine bewährten Hände gegangen.
Wir haben Buch geführt und präsentieren dir anlässlich deines Wiegenfestes die Gesamtbilanz deines Wirkens. 2.200 Personen wurden von dir gnadenlosen Verhören unterzogen. Wir haben die Liste:
834 Verdächtige entstammten dem Landadel. Das sind 40 %.
417 Majore der britischen Armee erregten dein Misstrauen. Das macht 20 %.
254 Pfarrer wirkten gar nicht fromm. Immerhin 12 %.
176 Ärzte benahmen sich fragwürdig. Macht 9 % der Verdächtigen.
154 Gärtner traten nicht nur harmlos in Erscheinung. Das entspricht 8 %.
125 Rechtsanwälten drohte die Verhaftung. Das sind stolze 5 %.
Dubios auch die Kunstmaler. 62 von ihnen (4 %) hatten offenbar nicht nur Kunst im Sinn.
Nicht zu vergessen die Lehrer: 66 Pädagogen (6 % unserer Datei) gaben vermutlich kein gutes Beispiel.
112 Butlern ohne Alibi (1 % der potentiellen Übeltäter) stelltest du hochnotpeinliche Fragen.

Mabel, wir sind stolz auf dich!

Diese Anzeige gehörte nun leider in die Kategorie „Gut gemeint und blöd gelaufen“. Wie schon bei Püree bemerkt: Nicht alle Detektive können rechnen. Und das galt auch für den Klub cleverer Kriminalistinnen. Und so brütete Miss Marmel beim Morgentee über der Anzeige und kringelte erbost alle falschen Ergebnisse ein.
Bitte korrigiere die markierten Zahlen.
– Wie viel Prozent der Prozentangaben waren bedauerlicherweise fehlerhaft?
– Und wie viel Prozent der absoluten Zahlen waren absolut unrichtig?
Du kannst das Zahlenverhältnis auch in Brüchen darstellen.
– Und dann gibt es bei der Auflistung der Prozentzahlen noch eine weitere Ungereimtheit. Findest du sie?

Schneewittchen – Teil 1: Wie es weiterging

(Dezimalzahlen)

Schneewittchen *(ihr erinnert euch: so weiß wie Schnee, so rot wie Blut und so schwarz wie Ebenholz)* stand kurz vor der Hochzeit mit dem Prinzen vor einem kleinen Problem: Die Wichte hatten sie 90 lange Sommertage ohne Sonnenschutz im Glassarg liegen lassen. Noch dazu hatten sie den Sarg zweimal täglich mit je 0,75 l Glasreiniger gewienert. Das war zwar sehr ordentlich von ihnen, dafür drangen aber viele der schädlichen UV-Strahlen durch das Glas *(ihr wisst: Sonnenbrand und Schlimmeres …).* Als sie aus der Kiste kletterte, musste der Prinz nun doch schlucken: Sommersprossig wie Pippi Langstrumpf sah Schneewittchen jetzt aus und die Haare standen ihr strubbelig zu Berge, als hätte sie in eine Steckdose gepackt.

1 Da half nur der verstärkte Einsatz von Kosmetik. Der Prinz war im Ortsverein von „Greenpeace", daher kam Chemie nicht infrage. 48 Tage lang wurde die Haut täglich mit 0,5 l Buttermilch gebleicht, bis die Sommersprossen weg waren. Die struppigen Haare erhielten 90 Tage eine Packung aus je 0,25 l Olivenöl. Die lädierten Lippen wurden 100 Tage lang zweimal täglich mit je 0,01 l flüssigem Gänseschmalz eingerieben.

- Welche Mengen Naturkosmetik hat der Prinz insgesamt im Bioladen gekauft, bis der Schaden an seiner Braut behoben war?
- War das mehr, als die 7 Zwerge an Glasreiniger verbraucht hatten?

2 ! Schneewittchen war nun wieder fast so ansehnlich wie Dornröschen nach ihrem hundertjährigen Schönheitsschlaf, und so konnte die Hochzeit steigen. Der Prinz bestellte in der Bio-Brauerei 5,20 hl Bier *(Sekt gab es nicht, weil man vergessen hatte, Rotkäppchen einzuladen),* beim Öko-Metzger 246 Thüringer Würstchen und 164 Weißwürstel, beim Türken Hussein um die Ecke 52 Döner, exklusiv für die Vegetarier 16 Sojaburger im Vital-Restaurant. Und dann gab es noch 19,5 kg Kartoffelsalat sowie 26 kg Mousse au chocolat.

Da das Schloss eher klein war, konnten insgesamt nur 104 Gäste zu der Party kommen, darunter natürlich viel Prominenz wie die 7 Zwerge, der Kanzler und der Chef der Eisenbahn *(letzterer leider wie üblich viel zu spät).* Wer hat durchschnittlich wie viel gegessen? Bedenke hierbei, dass das Brautpaar wie üblich nicht zum Essen kam, die 8 Vegetarier natürlich kein Fleisch anrührten, der verspätete Bahnchef nur noch etwas vom Dessert abbekam, 13 Leute etwas gegen deutsche Würstchen hatten, aber Döner liebten, der Kartoffelsalat wegen der fettigen Mayonnaise nur bei einem Viertel der Gäste Anklang fand, sich dafür aber alle ausnahmslos auf die ebenso fette Mousse au chocolat stürzten. Und übrig blieb vom Festmahl rein gar nichts!

3 Die Hochzeitsgeschenke fielen wirklich üppig aus. Besonders die 7 Zwerge ließen sich nicht lumpen. Als Bergwerksbesitzer nannten sie auch Edelsteinminen ihr Eigen. Daher verehrten sie Schneewittchen eine kostbare Klunkerkette. Diese enthielt 15 Diamanten mit einem Gewicht von je 4,5 Karat, 2 Rubine zu 0,5 Karat, 8 Smaragde zu 0,75 Karat, 10 Aquamarine zu 3,2 Karat und 12 Topase zu 0,4 Karat.
Wie viel Karat hat die Kette von Schneewittchen und wie viel Gramm Edelsteine bekam sie von den Zwergen? Ein Karat entspricht einem Gewicht von 0,2 Gramm.

4 Der Chef der Bahn schenkte den Neuvermählten keinen Schnickschnack, sondern etwas Nützliches: nämlich Gutscheine für den Speisewagen. Ein Jahr lang dürfen Schneewittchen und der Prinz einmal wöchentlich im Speisewagen schlemmen. Jedes Mal gibt es pro Person 0,01 l Sekt, einen Strammen Max (0,345 kg), einen Milchkaffee (0,25 l) sowie eine Rolle Pfefferminzbonbons (0,04 kg).
Wie viel Nahrung in Liter und Kilogramm genießen Schneewittchen und ihr Gatte in diesen 52 Wochen im Speisewagen, wenn sie jede Woche einmal Zug fahren?
Wie sähe das Ergebnis aus, wenn Schneewittchen nach 20 Wochen keinen Strammen Max mehr sehen kann und sich an die Pfefferminzbonbons und flüssige Nahrung hält?

Schneewittchens Brautkleid

(Zeit- und Masseinheiten)

Bei Schneewittchens Hochzeit waren auch einige Gäste zugegen, die sich, statt den Festreden zu lauschen oder das Tanzbein zu schwingen, lieber mit albernen Zungenbrechern die Zeit vertrieben. Rumpelstilzchen und Rapunzel redeten dabei stundenlang aufeinander ein.

1 „Brautkleid bleibt Brautkleid und Blaukraut bleibt Blaukraut", murmelte Rapunzel beim Betrachten von Schneewittchens strahlendweißer Robe beifällig *(und wohl auch ein bisschen neidisch).* Sie brauchte 4,8 Sekunden, um den Satz einmal fehlerfrei zu sprechen. Aber dann hörte sie erst einmal gar nicht wieder auf.
Wie oft hat sie ihn bei gleich bleibendem Tempo in einer Stunde von sich gegeben?

2 Danach beschleunigte Rapunzel das Tempo, sodass sie pro Satz in der nächsten Stunde nur noch 3,75 Sekunden benötigte.
Wie oft musste ihn sich das zunehmend entnervte Rumpelstilzchen dann in diesen 60 Minuten anhören?
Und wie viele Fehler stießen ihm auf, wenn Rapunzel bei dieser Geschwindigkeit im Schnitt 1,8 Versprecher in jeden Satz einbaute?

3 Rumpelstilzchen interessierte sich nicht für das Brautkleid oder das zugehörige Blaukraut, auch nicht für Rapunzels Spruch, dafür gab es folgenden Satz über das angebliche Tun des Kaplans zum Besten: „Der Herr Kaplan klebt Pappplakate – Pappplakate klebt der Herr Kaplan": Und das tat Rumpelstilzchen 1.200-mal in einer Stunde.
Wie viel Zeit benötigte es für den einzelnen Satz? *(immer vorausgesetzt, dass das Tempo gleich bleibt und ihm – oh Wunder – kein einziger Versprecher unterläuft)*?

4 Wie viel Liter Brause musste Rapunzel trinken, wenn sie für jedes hundertste in den beiden Stunden von ihr ausgesprochene „b“ 0,013 Liter Zitronenlimonade trank, um ihre Stimme wieder flott zu machen?
Und wie viel Bier brauchte Rumpelstilzchen, dem von seinem 1.200-mal wiederholten Spruch die Zunge dermaßen am Gaumen klebte, dass es jedes hundertste „p“ *(neue Rechtschreibung!)* mit 0,023 Litern Gerstensaft ölte?

5 Rapunzel, Rumpelstilzchen und die übrigen 102 zur Hochzeitsfeier eingeladenen Gäste versäumten es natürlich nicht, das Brautpaar hochleben zu lassen. An diesem Abend stimmten sie 36 Hochrufe an, wobei das doppelte „hoch, hoch“ jedes Mal 3-mal wiederholt wurde, also bei jedem Hochruf 6-mal erklang. Allerdings stammte ein Teil der Gäste aus einem kleinen Dorf in Gallien, sprach also französisch und hatte daher Schwierigkeiten, das „h“ auszusprechen: Das „hoch, hoch“ aus dieser Gästeschar klang eher wie „’och, ’och“.

- Wie viele Gäste stammten aus dem gallischen Dorf, wenn 16,35 % der Hochrufe wie „’och“-Rufe klangen, vorausgesetzt, dass alle Gäste sämtliche Hochrufe mit anstimmten?
- Jeder einzelne „’och“-Ruf ließ sich durch das nicht gesprochene „h“ 0,012 Sekunden schneller aussprechen als ein „hoch“. Wie viel Zeitersparnis ergab das auf die Gesamtzahl aller gallischen Hochrufe?
- Wie viel Cidre mussten die Kellner heranschleppen, wenn die gallischen Gäste die Anstrengung der „’och“-Rufe anschließend mit 0,482 Litern pro Mann runterspülten?

Schneewittchen – Teil 2: Die Zeit danach

(Zeit, Geld und negative Zahlen)

Obwohl es auf der Hochzeitsparty weder Sekt noch Kaviar gab, war das Ganze doch ein ziemlich teures Vergnügen, denn auch die Dorfmusikanten, die Kutscher und die Aushilfen wollten Geld sehen. Auch für Prinzen gibt es heutzutage kaum noch etwas umsonst …

Und als dann zwei Wochen später die Kontoauszüge kamen, da musste der Prinz zu seinem Kummer feststellen, dass er sein Konto um 4.329 € überzogen hatte. Die ständigen Reparaturen an seinem alten Schloss verschlangen Unsummen, und die Zimmervermietung an betuchte Touristen warf noch nicht genug ab, um dieses Minus zu tilgen. Was tun?

1 Doch Schneewittchen warf die Flinte nicht ins Korn: Sie ging zur Schuldnerberatung und ließ sich ein paar Tipps geben. Man empfahl ihr, einen Halbtagsjob anzunehmen. Die 7 Zwerge hatten Schneewittchen ein prima Arbeitszeugnis ausgestellt, und sie bekam beim Chef der Eisenbahn eine Stelle als Kellnerin im Speisewagen. Genau anderthalb Jahre legte sie monatlich 333 € beiseite, um die Schulden ihrer Hochzeitsparty abzubezahlen. *(Eigentlich hätten sie und der Prinz auch noch Zinsen auf die Schulden zahlen müssen. Weil der Chef der Sparkasse aber früher mal für Schneewittchen geschwärmt hatte, drückte er hier ein Auge zu.)* Dann verabschiedete sich Schneewittchen in den Mutterschutz.

– Reichten ihre Ersparnisse, um die Schulden abzubezahlen?
– Bleibt vielleicht noch etwas Geld für den Zwillingskinderwagen und andere notwendige Anschaffungen?

2 Der Prinz hatte bereits vor seiner Hochzeit mit Schneewittchen am südlichen Abhang seines Schlossbergs Zitronenbäume gepflanzt. Die wollte er nun als Biogärtner hegen und pflegen, um die Ernte zu Bio-Zitronenlimonade zu verarbeiten. 2 Tage vor Heiligabend stürzte die Temperatur von 7 Grad Celsius um 18 Grad in den Keller. In jedem besseren Gartenbuch steht zu lesen, dass Zitronenbäume nur „bedingt frosthart“ sind. Das heißt, ab minus 6 Grad wird es kritisch, es droht totaler Verlust von Ernte und Bäumen.
Kann der Prinz sein Limonaden-Projekt retten, oder sollte er in Zukunft besser dem Beispiel seiner Vorfahren folgen und Kartoffelschnaps brennen?

3 Als Schneewittchen am Heiligen Abend von Zwillingen entbunden wurde, war die Zitronenernte bereits hinüber. Und der Prinz stand bei seiner Bank mit 580 € für Dünger und Zitronenkisten in der Kreide *(will sagen: im Minus).* Gott sei Dank überwies Vater Staat fast gleichzeitig das Kindergeld für die Zwillinge Hilda und Hulda, und zwar ausnahmsweise für 2 Monate im Voraus. Nun hatten die glücklichen Eltern immerhin ein Plus von 36 € auf dem Konto.
Wie viel Kindergeld erhalten sie monatlich?

4 Als der Prinz dann ein paar Wochen später seine kaputten Zitronenbäume rodete, stieß er in der Erde auf einige modrige Knochenreste. Er warf sie auf den Haufen für das Osterfeuer. Der zufällig vorbeischlendernde Schlosspfarrer war Hobbyarchäologe und trug die Knochen hocherfreut ins Museum. Dort stellte man fest, dass es sich um die Überreste von Neandertalern handelte. Messungen ergaben, dass diese Urmenschen 36.500 Jahre vor unserer Zeitrechnung *(das heißt: vor Christi Geburt)* am südlichen Abhang des Schlosshügels gelebt hatten.
Wie viele Jahre sind seitdem vergangen?

5 Diese Neandertaler waren recht erfolgreich. Sie bevölkerten zwischen 150.000 und 35.000 vor unserer Zeitrechnung weite Teile Europas und Vorderasiens.
Wie lange existierte diese Urmenschenform, deren Überreste Schneewittchens Schlosspfarrer dann dem Archäologischen Museum übergab?

Robinson und Freitag – Teil 1: Freunde oder Fressfeinde?

(Flächen)

Die Engländer sind, wie ihr sicher wisst, immer ein Volk von Seefahrern gewesen. Insgesamt waren sie über die Jahrhunderte recht erfolgreich, aber manchmal ging auch etwas schief. So wie im Fall des Seemanns Robinson Crusoe, dessen Schiff vor 300 Jahren im Pazifischen Ozean versank und der sich mit Müh und Not auf eine unbewohnte Insel retten konnte.

1 Dieses Eiland war kurioserweise rechteckig, das heißt, es war 3,4 km breit und 6,2 km lang.
Über wie viel Lebensraum verfügte Robinson in den ersten einsamen Jahren seines Inseldaseins?

Übrigens: Als Geographen Jahrhunderte später das Eiland überflogen, stellten sie fest, dass die Landmasse der Insel in Wirklichkeit kleiner war. Das hing damit zusammen, dass in einem unzugänglichen Teil ein Vulkan vor Urzeiten einen kreisrunden Kratersee mit einem Durchmesser von 58,3 m geformt hatte. Wie groß war also der tatsächlich verfügbare Lebensraum?

2 Das Leben auf der einsamen Insel war überaus öde. Außer dem Schiffshund und einigen Ziegen hatte Robinson absolut keine Gesellschaft. Vor Einsamkeit ist er ganz schön verlottert, und fast hätte er das Sprechen verlernt. Vermutlich wäre er irgendwann einmal verrückt geworden, wenn nicht eines Tages Kannibalen zu seiner Insel gerudert wären. Sie führten einen Gefangenen mit und Finsteres im Schilde. Robinson schlug die Menschenfresser in die Flucht und befreite den gefangenen Menschenfresser. Nun waren sie immerhin zu zweit.
Wie viel Lebensraum hatte jetzt rein rechnerisch *(und ohne Wissen um den Krater)* jeder der beiden Insulaner?

3 Anfangs hatten Robinson und der gerettete Menschenfresser eine ziemlich harte Zeit miteinander. Keiner der beiden sprach die Sprache des anderen. Und außerdem hatte Robinson am Anfang panische Angst, dass sein Gast sich als undankbar entpuppen und ihn, seinen Retter, verspeisen könnte. Doch sie mussten wohl oder übel miteinander auskommen. Andere Menschen gab es nicht, und allein war eine Flucht von der Insel unmöglich. Robinson entwickelte dann doch Ehrgeiz: Zuerst gab er seinem Mitbewohner den etwas einfallslosen Namen „Freitag", weil er ihn an genau diesem Wochentag vor dem Kochtopf gerettet hatte. Und dann brachte er ihm Englisch bei, sodass man sich einigermaßen unterhalten konnte. Um satt zu werden mussten sie dann als Erstes die Anzahl der Ziegen vermehren.
1,08 km^2 auf der Insel waren unfruchtbare Felsen, wo absolut nichts wuchs.
Auf 1 km^2 des übrigen Insellands konnten maximal 3 Ziegen weiden.
Wie viele Ziegen dürfen Robinson und Freitag maximal besitzen, damit die Tiere satt werden?

4 Nach etwa einem Jahr konnten die beiden kein Ziegenfleisch mehr sehen, weder als Kebab noch als Gulasch oder in Form von Würstchen. Und beim Gedanken an die täglichen 3 Liter Ziegenmilch, die jeder von ihnen auf der wasserlosen Insel trinken musste, wurde ihnen schon morgens beim Aufstehen flau.
Freitag wusste einen Ausweg: Sie mussten Kokospalmen pflanzen! Die neue Plantage umfasste insgesamt 5 km^2 Insel mit je 15 Bäumen pro km^2.
Wie viele Ziegen weniger müssen gezüchtet werden und wie viele Kokosnussbäume bereichern mit ihren Früchten den Speisezettel?

Robinson und Freitag – Teil 2: Trostlose Tropen

(Strecken und Flächen)

Nun sollte man sich dieses südliche Robinson-Eiland bitte nicht vorstellen wie in der heimischen TV-Reklame. Nix war mit Hula-Hula, coolen Cocktails und süßem Nichtstun am schneeweißen Strand. Der Speisezettel *(siehe Teil 1)* war öd, der Strand aus grauschwarzem Lava-Gestein und das Freizeitangebot gleich null. Gar nicht so einfach, den Tag ohne Frust herumzukriegen. Gelobt sei da der Sport!

1 Ab und zu veranstalteten Robinson und Freitag aus Langeweile Wettrennen. Jedes Mal gewann Freitag. Das lag daran, dass er schon auf seinem winzigen Heimateiland viel trainiert hatte für die Südsee-Olympiade auf den Sandwich-Inseln. Seine Heimat war platt wie ein Pfannkuchen und kreisrund. Ihr Durchmesser betrug 1.600 m. Ist die Inselfläche größer als die jetzt mit Robinson geteilte *(vgl. Teil 1)*?

2 Jeden Tag umrundete Freitag seine Heimatinsel 6-mal. Welche Strecke legte er täglich zurück und wie viele km waren das:
- in einer Woche?
- in einem Monat?
- in einem Jahr?

3 ! Wie lange hätte Freitag gebraucht, um den Äquator zu umrunden (40.077 km)?

4 Obwohl das Trainingsprogramm klappte, zerrte das Inseldasein auf Dauer ganz schön an den Nerven der beiden. Nach knapp 10 Jahren kannte Freitag alle blöden Schottenwitze Robinsons in- und auswendig. Und Robinson hatte die ewigen Geschichten aus Freitags Kannibalenzeit ebenso gründlich satt. So konnte das nicht weitergehen. Daher beschlossen die beiden, sich einen großen Einbaum zu bauen und nach bewohntem Land Ausschau zu halten. Gesagt, getan.
Gottlob wusste Freitag, wie so etwas funktioniert. Und Robinson hatte bei seiner Ausbildung als Matrose gelernt, wie viel Segelfläche man für Fahrten dieser Arten benötigt, um vom Fleck zu kommen: Etwa 11 m^2 Segelfläche müssten genügen, um sie und die Vorräte weit genug über den Pazifik zu bringen. Robinson bat Freitag, aus Palmwedeln zwei Segel zu flechten.
Ein quadratisches in der Größe 2,25 m mal 2,25 m und ein rechteckiges mit den Maßen 1,85 m mal 3,25 m.
So eine pingelige Arbeit konnte Freitag ohne Zentimetermaß nicht bewältigen.
Und die Segel gerieten etwas anders, als es Robinson vorgeschwebt hatte: Das erste hatte die Größe 2,10 m mal 2,40 m, das zweite maß 2,05 m mal 3,10 m.
Ist die Fläche der Segel dennoch groß genug, um die beiden von ihrem Inseldasein zu erlösen?

5 Irgendwie klappte es trotz der veränderten Segelgröße doch mit dem Bootsbau, und sie stachen in See. Leider blieb mitten auf dem Meer der Wind aus, und sie kamen kaum noch voran. Die Vorräte gingen zur Neige. Gott sei Dank erlitt Freitag in Sachen Kannibalismus keinen Rückfall, sonst wäre die Kreuzfahrt unter Umständen böse ausgegangen. In letzter Minute wurden sie hinter den Osterinseln aufgefischt, von einer holländischen Dreimastbark *(so ein Schiffstyp wie die „Gorch Fock" oder die „Rickmer Rickmers" in Hamburg)*, die mit Tulpenzwiebeln, Honigkuchen und Lakritzen auf dem Weg von Indonesien nach Feuerland war. Die „Pindakaas" hatte sagenhafte 3.498 m^2 Segelfläche!
Wie oft finden die rund 11 m^2 Segelfläche des Einbaums in der Segelfläche dieser Dreimastbark Platz?

Familie Miefke

(Quer durch den Rechengarten)

Familie Miefke *(sie lebt in einer durchschnittlichen Stadt in Deutschland)* zählt folgende Mitglieder: Vater Heinrich, Mutter Martha, Sohn Karl-Heinz, Tochter Evelyn und Hund Otto. Die Miefkes sind typische Couch-Potatoes: Sie hocken am liebsten vorm Fernseher und futtern dabei Chips.

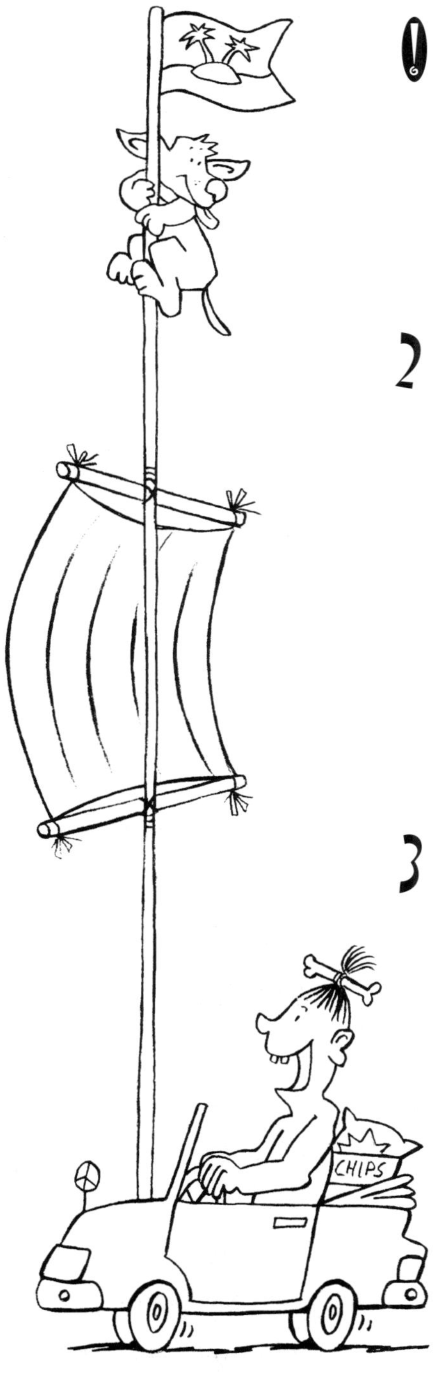

1 ! Offenbar wissen Miefkes nicht, dass es dazu auch Alternativen gibt, denn sie schauen pro Tag durchschnittlich 5 Stunden und 54 Minuten in die Glotze. Auf wie viel Fernsehzeit kommt dann, sagen wir mal Karl-Heinz, zwischen seinem 6. und seinem 65. Geburtstag?

2 Bekanntlich gibt es auf einigen Kanälen ein reichhaltiges Angebot an Werbesendungen. Karl-Heinz geht dann zwar meist in die Küche oder auf die Toilette, aber im Laufe der Zeit hat er doch auch etliche Waschmittelreklamen angeschaut.
Wenn er im Monat auch nur 18,5 Werbespots für Waschmittel über sich ergehen lässt, wie viele sind das dann in seiner ganzen Fernsehkarriere?

3 Vater Heinrich fährt voll auf die Autowerbung ab: Mindestens bei jeder dritten fängt er an, über seine Schrottkiste zu schimpfen und von dem neuen Auto zu schwärmen, das er sich demnächst kaufen wird.
- Nehmen wir mal an, er sieht pro Monat 288 Auto-Werbespots – wie viele sind das in zwanzig Jahren?
- Und wie oft hat er in dieser Zeit jedes Mal für ein Auto geschwärmt, bevor er sich ein neues gekauft hat, wenn er seine Autos immer genau fünf Jahre lang fährt?

4 Evelyn träumt davon, als Superstar von Deutschland gesucht und entdeckt zu werden. Zu diesem Zweck verfolgt sie alle Musiksendungen *(und übt heimlich in ihrem Zimmer).* Allerdings ist ihr schon klar, dass sie erst ein bisschen abnehmen müsste, um gegen die Konkurrenz gut auszusehen. Schon Otto hat ein ziemliches Übergewicht, da die Miefkes nicht gern mit ihm spazieren gehen; er überschreitet sein Idealgewicht um 2,4 kg oder 12 %. Bei Evelyn liegt der Unterschied zwischen Real- und Wunschgewicht bei 26 kg oder 33 %.
Wie viel dürften Otto und Evelyn idealerweise wiegen und wie viel bringen sie tatsächlich auf die Waage?

5 Mutter Martha hat keine Träume mehr, ist aber sauer, wenn die Chips auf den Boden gekrümelt werden. Sie schimpft mindestens einmal am Tag, dann aber gleich 4 Minuten und 30 Sekunden lang.
Auf wie viel summiert sich das in einem Jahr?

6 Statt Tag für Tag in die Glotze zu gucken, hätten die Miefkes im Prinzip wunderbar Zeit, auch einmal ein Buch zu lesen. Nehmen wir mal an, sie würden ab heute auch nur zwei Stunden der täglichen Fernsehzeit der Lektüre widmen.
- Bei einem Lesetempo von *(schlappen)* 12 Seiten pro Stunde; wie viele Seiten Lesefutter müssten die Miefkes für die ganze Familie *(Hund Otto natürlich ausgenommen)* jährlich aus der Stadtbücherei anschleppen?
- Wie viele Seiten wären das bis zum 31. Dezember 2012?

Der Elefant im Porzellanladen

(Brüche und Dezimalbrüche)

Am Bahnhof Zoo war großer Bahnhof für ein „hohes Tier“: den gewichtigen König der Tonga-Inseln, Taufa'ahau Tupou IV., der gerade zu einem Staatsbesuch in Deutschland weilte und nun von Hamburg mit dem Zug nach Berlin angereist kam. Nebenan, im Zoo, hatte ein großes Tier, nämlich der Elefant Sebastian, gerade entdeckt, dass der Wärter versehentlich das Tor des Elefantengeheges offen gelassen hatte. Sebastian beschloss, diesen Umstand für einen kleinen Spaziergang zu nutzen.

1 Sebastian betrat einen Pozellanladen *(das machen Elefanten ja bekanntlich immer so)* und schaute sich um, aber der Plunder gefiel ihm nicht wirklich. Daher machte er vorsichtig kehrt und verließ den Laden wieder, ohne irgendwelchen Schaden anzurichten. Für den sorgten dann allerdings die Verkäufer selber und einige vom Bahnhof Zoo herbeigeeilte Reporter bei ihren Versuchen, das Porzellan zu schützen bzw. Dokumentarfotos vom Elefanten im Porzellanladen zu schießen. Diesen vereinigten Bemühungen fielen 5 Kaffeegeschirre zum Opfer, die in je 1.000 Stücke brachen, sowie eine große chinesische Vase *(zum Glück eine Nachbildung),* von der anschließend 1.647 Fragmente übrig waren.

- Wie viele Scherben befanden sich jetzt im Porzellanladen?
- Nehmen wir einmal an, dass jede Scherbe 0,26 € wert ist, auf wie viel beläuft sich dann der Wert des Scherbenhaufens?

2 Die am Bahnhof verbliebenen Reporter waren inzwischen auch nicht untätig gewesen. Ein besonders aufdringlicher Journalist war bei dem Versuch, sich möglichst nah an den König von Tonga heranzudrängen, über drei Blumeneimer gestolpert, sodass von den 96 zum Verkauf feilgebotenen roten Rosen, den 34 Mimosen und den 266 gelben Nelken anschließend $\frac{3}{4}$ geknickt und somit unverkäuflich waren. Dies war jedenfalls die Meinung der zeternden Blumenhändlerin, die dem gestürzten Reporter umgehend die zerdrückten Blumen zu einem „Sonderpreis" von saftigen 2,25 € pro Stück in Rechnung stellte.
Wie viel sollte der erblassende Reporter bezahlen?

3 Dem König von Tonga gefiel das Getümmel am Blumenstand sehr. Das Durcheinander steigerte sich noch erheblich, als Sebastian den Bahnhof betrat und zur Selbstbedienung an einem Obst- und Gemüsestand schritt. Plötzlich standen sich „hohes Tier" und „großes Tier" Auge in Auge gegenüber. Ob dieser unerwarteten Begegnung und dem wunderbaren Tohuwabohu am Bahnhof Zoo war der König der Tonga-Inseln so guter Laune, dass er ...

a) ... spontan beschloss, dem Elefanten sein Mittagsmahl zu spendieren. Der vertilgte 15 Kohlköpfe zu je 0,79 €, 20 Salatköpfe zu je 0,99 € und 3 Ananas zu je 2,55 €, woraufhin sich Sebastian von den herbeigeeilten Wärtern willig in sein Gehege zurückführen ließ.
Wie viel muss der König dem Gemüsehändler dafür bezahlen?

b) ... dem unglücklichen Reporter, der in die Blumeneimer gefallen war, die zerdrückten Rosen für die Damen in seinem Gefolge abzukaufen, wobei er, großzügig wie er war, pro Stück $\frac{2}{5}$ des „Sonderpreises" zusätzlich zahlen wollte.
Das macht wie viel?

c) ... alle umstehenden Journalisten, Politiker und Schaulustigen einlud, sich mit ihm beim Bäcker zu stärken. Er kaufte *(so die spätere Auskunft seines Schatzkanzlers, der auch die Reisekasse des Königs verwaltete)* $\frac{2}{3}$ der 108 belegten Brötchen, $\frac{5}{8}$ der 264 Körnerbrötchen, Sesam- und Müslistangen und $\frac{3}{4}$ der 512 vorhandenen Tortenstücke und Kuchenteilchen. Die Backwaren kosteten im Schnitt 1,25 €, wobei der Bäcker *(nur auf den Kuchen!)* einen Mengenrabatt von 0,32 € pro Stück einräumte. Diese Schätze verteilten der König und sein Gefolge unter den Gästen, die mit gutem Appetit zulangten und ihren Gönner hochleben ließen.

– Wie viel musste der Schatzkanzler also berappen?

– Und wie viel Geld hat er durch die Kuchenermäßigung gespart?

4 Wie viel kostete König Taufa'ahau Tupou IV. das Intermezzo am Bahnhof Zoo insgesamt? *(Beachte, dass der König nicht für die Schäden im Porzellanladen aufkam – wer sie zu begleichen hat, darüber streiten die Rechtsanwälte des Zoos, des Porzellanladens und des Reporters immer noch.)* Welchen Betrag macht das in der einheimischen Währung des Königs, wenn 1 € = 2,41513 Tongaische Pa'anga ist (offizieller Wechselkurs vom 21. Juli 2004)?

Zwischendurch: Drei Limericks

(Quer durch den Rechengarten)

1 Der Säugling aus Wanne in der Kanne

Es fiel mal ein Säugling aus Wanne
In eine enghalsige Kanne.
Mit geschwollnem Gesäß
Steckt er fest im Gefäß.
Drin reift er nun langsam zum Manne.

Angenommen, der Säugling fiel am 16. März 1984 im Lebensalter von genau 2 Monaten in die Kanne:

- Wann feiert er seinen 18. Geburtstag?
- Wie viel Tage hat er bis dahin in der Kanne verbracht? Beachte die Schaltjahre!

2 Das Verdauen des Dackels aus Nauen

Ein Zwerg-Rauhaardackel aus Nauen,
Der kann gar kein Hackfleisch verdauen.
Ein Klops, und er streckt sich,
Spuckt dann auf den Teppich,
Drauf wird er gewöhnlich verhauen.

Die Verdauungsbeschwerden des gefräßigen Dackels verursachen allerlei Kosten: In jedem Klops steckt für 42 Cent Hackfleisch, die Reinigung des 4,5 m^2 großen Teppichs kostet 5,20 €/m^2 und das Herrchen muss jedes Mal, wenn es die Hand gegen seinen Dackel erhebt, 20 € Strafe wegen Tierquälerei zahlen.
Wie hoch sind die Kosten bei 7 jährlichen Brechattacken, wenn der Dackel 14 Jahre alt wird?

Herr von und zu Knaus und die Laus

Herr Adalbert von und zu Knaus
Beherbergt im Bart eine Laus
Er versorgte sie gut
Mitsamt ihrer Brut.
Nun ziehen die nie wieder aus!

Die Laus zog mit 3 Nissen ein und segnete kurz darauf das Zeitliche. Jede der Nissen produziert nach 30 Tagen wieder 300 Läuse, diese wieder je 300 Nissen usw.

- Wie viele Läuse und wie viele Nissen beherbergt der Bart des Herrn von und zu Knaus 150 Tage nach Einzug der ersten Laus? Bedenke, dass ein Läuseleben *(einschließlich der Kinderzeit als Nisse)* im Schnitt 50 Tage währt.
- Wie sieht die Bilanz aus, wenn Knaus mit einem Nissenkamm alle 30 Tage 85 % der Brut ausschaltet?
- Und was passiert, wenn Herr von und zu Knaus ab dem 30. Tag den Kamm alle 10 Tage oder sogar täglich benutzt?

Geheimagent James Blond

(Produkte und Prozente)

James Blond *(Agent 0,7)* hatte ein in jeder Hinsicht aufregendes Leben. Insgeheim führte Miss Moneycent Buch über seine verschiedenen anstrengenden Aktivitäten, sodass sie ihm, als er mit 65 seinen Hut nahm, um sich in den Ruhestand zu verabschieden, ihre gesammelten *(wenn auch, wie wir inzwischen wissen, nicht vollständigen)* Aufzeichnungen verehren konnte.

1 Bei seinen verschiedenen Einsätzen im Dienst ihrer Majestät hatte es James Blond mit 950 Schurken aufzunehmen. Den Berechnungen von Miss Moneycent zufolge hat jeder Bösewicht Blond im Durchschnitt 3,72-mal nach dem Leben getrachtet.
Wie oft war damit James Blonds Leben insgesamt in Gefahr?

2 Auf jeden Schurken kamen in James Blonds aufregendem Dasein laut Miss Moneycents Aufzeichnungen 3 schöne Frauen *(da hatte sie nicht ganz den Überblick).* Wir wissen, dass es mindestens eine mehr war pro Bösewicht. Mit wie vielen Damen flirtete Blond also in Wirklichkeit und wie viele waren es laut Miss M.'s „offizieller Statistik"?

3 Wie aus Miss Moneycents Statistik weiter hervorgeht, hatte James Blond eine ausgesprochene Vorliebe für Blondinen (44 %) gefolgt von den Dunkelhaarigen (32 %), während sich die restlichen 24 % gleichmäßig auf die Rothaarigen sowie Frauen mit grell gefärbten Haaren oder undefinierbarer Haarfarbe verteilten.
Wie viele waren das jeweils – laut Miss M.'s Statistik bzw. in Wirklichkeit?

4 Übrigens trugen 16 % der Damen aus Miss M.'s Kartei denselben Vornamen. Wie viele Namen musste sich unser Held also merken, wenn er mit jeder später noch einmal ausgehen wollte, ohne sich eine Ohrfeige einzufangen?

Die berufliche Eingliederung der Vampire

(Brüche und Prozente)

Auch für Vampire sind die Zeiten nicht mehr so rosarot wie früher: Die Verstädterung und Zersiedlung machten einen ordentlichen Gruftbetrieb nahezu unmöglich; die Zahnärzte melden markante Eckzähne gern an die Krankenkassen, um die hohen Fangprämien zu kassieren; und die neuartigen Gentests machen das mitternächtliche Mahl zu einer riskanten Angelegenheit. Darum sehen sich viele Vampire heute gezwungen, zur Nahrungsmittelergänzung einen bürgerlichen und unauffälligen Beruf zu ergreifen. In der bekannten Nachtzeitung „Der Nachtkurier" wurden neulich einige Vampire vorgestellt, die ihren Weg in der Welt gemacht haben.

1 Den spektakulärsten beruflichen Aufstieg hat wohl Horst Brock aus Gelsenkirchen zurückgelegt. Er nennt sich jetzt *(etwas hochtrabend)* Jonathan Baroque und hat es zum Direktor einer Blutwurstkonservenfabrik in Chicago (USA) gebracht. Die Spezialisierung der Fabrik auf ein einziges Produkt wurde von der Fach- und Finanzwelt mit Skepsis kommentiert, erwies sich aber als Erfolgsrezept. Dass der Direktor auch seine Abende und Nächte der Firma weiht, hat zu diesem Erfolg sicherlich beigetragen.
Niemand ahnt, dass er in diesen einsamen Überstunden gern auch die eine oder andere Blutwurstkonserve leert: Genau genommen ist es jede 64. Dose, $\frac{1}{82}$ der monatlichen Produktion, die also wie hoch ist?

2 Rudi Rutzig ist zwar nicht so prominent, aber dennoch sehr zufrieden in seinem Beruf: Er arbeitet als Gärtner, wobei seine besondere Fürsorge einem großen Radieschenbeet und einer Tomatenplantage gilt. Er kann *(bislang unbemerkt)* $\frac{2}{9}$ der täglich an den Großmarkt gelieferten Radieschen *(15 Stiegen à 180 Radieschen)* sowie $\frac{1}{8}$ der ausgelieferten Tomaten *(25 Stiegen à 64 Tomaten)* für seinen nächtlichen Bedarf abzweigen.
Um wie viel Prozent mindert er dadurch die Einnahmen der Gärtnerei, wenn diese für ein Radieschen im Schnitt 4,9 Cent, für eine Tomate 18,5 Cent erhält?

3 Was für Rutzig das scharfe Radieschen, ist für Moritz Morbund der süße Sirup: ein Hochgenuss. Morbund arbeitet an einer Abfüllanlage für Himbeersirup. Die Kontrollen sind in der Firma allerdings sehr streng, sodass er nur die monatliche Gratiszulage von zwei Flaschen Sirup à 0,75 Litern mit nach Hause nehmen kann. Aber schätzungsweise $\frac{1}{10}$ dieser Menge schlürft er täglich noch zusätzlich am Überlaufhahn der Abfüllanlage.
Wie viel Sirup konsumiert er so monatlich auf verbotene Weise?

4 Gunter Geistig labt sich *(nomen est omen)* lieber an intellektuellen Genüssen: Als Redakteur für Kriminal- und Gruselgeschichten zieht er sich während der Arbeitswoche von Montag bis Freitag *(am Wochenende muss er sich dann verschärft um die werktags vernachlässigte Beschaffung von Nahrung mit echtem Nährwert kümmern)* täglich 682 Seiten schauerliche Literatur rein.
Wenn auch nur auf jeder 22. Seite ein Vampir vorkommt: Wie vielen Artgenossen begegnet Gunter Geistig dann im Laufe eines Jahres *(falls er keinen Urlaub macht)*?

Die Rubriken des „Nachtkuriers"

(Prozente)

Seitdem mit Leopold Malazane ein neuer Chefredakteur eingestellt worden ist, konnte „Der Nachtkurier", das wichtigste Nachrichtenblatt der Vampir- und Grufti-Szene, wieder viele neue Leser gewinnen. Der Absatz der Zeitung, die lange eher erfolglos vor sich hindümpelte, konnte enorm gesteigert werden: Hatte „Der Nachtkurier" im Vorjahr noch eine Auflage von 32.007 Exemplaren, so werden jetzt Nacht für Nacht 108.625 Stück produziert.

1 Besonderer Beliebtheit erfreuen sich *(wie im wirklichen Leben)* die Sensationsmeldungen: Sie erscheinen in der Rubrik „Der nächtliche Blutstropfen", wo über Entführungen am helllichten Tag aus der Familiengruft ebenso berichtet wird wie über den spektakulären Auftritt Graf Draculas gleichzeitig in Oxford und in einer *(bislang nahezu unbekannten)* Ortschaft an der australischen Westküste oder über bösartige Knoblauch-Attacken gegen einen transsilvanischen Wanderer beim Überqueren der Karpaten. Kurz: Auf diese Rubrik stürzen sich als Erstes 99 % aller Leser.
Das sind, wenn jedes Exemplar von 4 Lesern gelesen wird, wie viele?

2 Vor allem die Damen widmen sich gern der Lektüre der Kontaktanzeigen. Früher erschienen sie unter der romantischen, aber wenig mitreißenden Überschrift „Nach hundert Jahren Einsamkeit". Seitdem sie unter dem neuen, zupackenden Titel „Von Beißer zu Beißer" veröffentlicht werden, gibt es eine regelrechte Fangemeinde.
Wenn genau 50 % der Leser des Blatts weiblichen Geschlechts ist, davon aber wiederum 38 % aus Alters- oder sonstigen Gründen kein Interesse mehr haben an der Vampir- und Grufti-Männlichkeit, wie viele Damen studieren dann nächtens das Angebot an Beißern?

3 Der Ratgeberecke fehlt noch eine fetzige Überschrift, wahrscheinlich weil dort von Handwerkertipps („Wie bastle ich mir eine eigene Blutbank“) und medizinischen Fragen („Was tun bei üblem Mundgeruch?“) bis hin zu Wellness-Angeboten („Entspannen im Roten Meer“) und Kochrezepten („Saftige Innereien – eine vollwertige Alternative“) so ziemlich alle Themen vorkommen. Trotz dieses Sammelsuriums hat auch diese Seite ihr Stammpublikum, genau genommen 18 % der männlichen und 22 % der weiblichen Leserschaft.
Von diesen überfliegen allerdings 20 % lediglich die Überschriften.
Wie viele Männlein und Weiblein sind das jeweils?

4 Auch an die jüngeren Leser wurde bei der Neugestaltung des „Nachtkuriers“ gedacht. Unter der neu eingerichteten Rubrik „Der kleine Sauger“ finden sich nette Bilderrätsel („Finde den schnellsten Weg zu deiner Gruft“), Witze, Comics („Der verflixte Draculix“) und jeweils ein Kapitel aus dem Fortsetzungsroman „Nimbus & Co. Aus dem wechselvollen Alltag eines Zauberbesens“. Von den 3.775 Nachwuchs-Vampiren, die regelmäßig den „Nachtkurier“ lesen, finden allerdings 12 % den Comic so öde und weitere 28 % den Roman derart grottenlangweilig, dass sie aus der Kinderseite Schwalben basteln.
4 % der Nachwuchs-Vampire sind Witzeliebhaber, die sich Woche für Woche vergeblich am Bilderrätsel versuchen. Sie stellen 20 % der Rätsler dar. Von den restlichen Rätslern dagegen können wiederum 50 % über die Witze nicht einmal müde lächeln, aber 25 % von ihnen lieben den Fortsetzungsroman so sehr, dass sie die Seiten sammeln.
– Wie viele „Nachtkurier“-Schwalben segeln Nacht für Nacht durch die Luft?
– Wie viele Mitglieder zählen die unterschiedlichen Fraktionen der Rätselfans?

Die verfeindeten Nachbarburgen

(Volumen und Prozente)

Graf Dracula und Frankenstein bewohnten zwei benachbarte Burgen. Anfangs besuchten sie sich oft, die Kinder spielten miteinander, man lieh sich schon einmal das Silber aus oder brachte eine Torte vorbei. Inzwischen sind sie einander allerdings spinnefeind. Die Ursachen für den Streit sind *(wie so oft)* völlig banal: Frankenstein war zunehmend genervt, weil die Gäste von Draculas Mitternachtspartys doch immer ziemlich viel Lärm machten; Dracula regte sich auf, weil Frankenstein den Müll von seinen Experimenten einfach hinter die Burg kippte. Na und so weiter. Wie das so ist: Ein Wort gibt das andere, Rache folgt auf Rache.

1 Es fing damit an, dass Dracula den Frankensteinschen Müll mit einem Gabelstapler hochnahm und 70 Kubikmeter Gülle in den Burggraben kippte. Dann ermunterte er seine Neffen Drax, Drix und Drux, mit ihren Super-Gigant-Wasserpistolen einen Teil dieser Gülle an die Fenster der Nachbarburg zu spritzen. Dieser Aufforderung kamen sie gerne nach, verbrauchten bei dieser Aktion allerdings, bis sie sich selbst völlig eingesaut hatten und unter die Dusche mussten, nur 6 % des Güllevolumens.
Wie viel war das?

2 Doch Frankenstein, der sich besonders über eine Gülleladung ärgerte, die durch ein versehentlich geöffnetes Fenster in sein Bibliothekszimmer eingedrungen war, sah dem Treiben des Nachbarn und seiner Neffen natürlich nicht tatenlos zu. Auf die Lieblingstomaten des Grafen *(eine spezielle blutrote Züchtung – das Auge isst ja schließlich mit)* ließ Frankenstein eine Ladung ausgehungerter Schnecken los.
Die Schnecken sonderten auf ihrem Weg durch das Gemüsebeet so viel Schleim ab, dass dieser 40 % der Menge aus den Güllepistolen entsprach, und zwar wie viel?

3 Graf Dracula hatte in seinem Zwinger einen hübschen kleinen Nachwuchs-Werwolf, mit dem Drax, Drix und Drux gerne spielten. Den wollte er nun auf den Frankensteinschen Dackel hetzen, doch der Dackel war nicht dumm und gewährte dem Werwolf ergeben Zugang zu seiner wohl ausgestatteten privaten Vorratskammer: Von den 54 Kubikmetern Fassungsvermögen dieses Hunde-Schlaraffenlands waren nach ihrer gemeinsamen Fressattacke noch 11 % mit Hundetrockenfutter, 23 % mit duftendem Schinken, 8 % mit Mortadella ohne Pistazien und 17 % mit Hartwürsten gefüllt.
Wie viel Raum blieb den sattgefressenen Tieren sich zu räkeln?

4 Frankenstein, der den Werwolf hatte antraben sehen, beeilte sich, ein widerwärtiges Gebräu zu mischen, das nicht nur fürchterlich stinken, sondern auch im Dunkeln leuchten sollte. Sein großer Kochkessel, in dem er die alten Rezepte aus Familienüberlieferung nachbraute, fasste 3,7 Kubikmeter.
Doch als er die ersten Zutaten hineingegeben hatte und der Kessel erst zu 5 % gefüllt war *(also zu wie viel Kubikzentimetern?)*, explodierte er mit großem Knall und hellem Leuchten.

5 Davon wurden Dackel und Werwolf in ihrem Verdauungsschlaf empfindlich gestört. Beide rannten aufgeschreckt aus der Speisekammer und fielen jählings in den güllegefüllten Graben. Von ihrem Winseln und Jaulen wurden Graf Dracula und Frankenstein herbeigerufen, die ohne zu zögern in den Graben sprangen, um ihre Lieblinge zu retten. Bei dieser Rettungsaktion wurde der verbliebene Gülleinhalt des Grabens um 6,5 % reduziert, diese klebten nämlich an Hund bzw. Werwolf und Herrchen.
Wie viel Gülle musste anschließend die Dusche beseitigen und wie viel Gülle hatten die versöhnten Schlossherren aus dem Burggraben zu entfernen, bevor sie den neu geschlossenen Frieden mit einem großen Festmahl feiern konnten?

Alices aberwitzige Abenteuer im Wunderland – Teil 1

(Quer durch den Rechengarten)

Kleine Mädchen sind gewöhnlich sehr vernarrt in Kaninchen. Alice trieb diese Liebe Mitte des 19. Jahrhunderts jedoch auf die Spitze, indem sie einem weißen Karnickel mit Taschenuhr, das sich äußerst hektisch gebärdete, in eine Baumhöhle folgte. Unversehens fand sie sich in einem wundersamen Land wieder, wo es von größenwahnsinnigen, geschwätzigen oder grotesken Vertretern der Tier- und Pflanzenwelt nur so wimmelte.

1 Ziemlich zu Anfang stand ein mannsgroßer Pilz am Wegesrand, auf dessen Hut eine blaue Raupe ihre Wasserpfeife schmauchte. Diese Raupe machte sich nun einen Spaß daraus, Alice zu veralbern. Scheinheilig bot sie ihr an, etwas am Pilz zu knabbern. Ein Stück vom rechten Rand des Pilzes, und die 1,42 m große Alice schoss wie ein Turbo-Spargel um das 9,5-fache in die Höhe, bis sie die Baumwipfel überragte. Völlig verstört und zerkratzt vom Geäst kramte Alice in ihrer Rocktasche nach einem Stück vom linken Pilzrand. Ein herzhafter Biss, ein leeres Gefühl im Magen wie beim Skispringen, und Alice hatte nur noch 1 % ihrer vorher erreichten Riesengröße. Das versprach auf Dauer auch wenig Lebensqualität. Behutsam leckte sie am rechten Pilzrand. Und siehe da: Nach und nach erlangte Alice 104 % ihrer ursprünglichen Größe. Und dabei blieb es dann.
Berechne Alices Größenveränderungen.

2 Im Übrigen war dieser Pilz kreisrund. Sein Umfang betrug 424 cm.
Wie viel Fläche verbleibt der Raupe, wenn Alice am rechten Rand ein Quadrat mit einer Kantenlänge von 4,4 cm sowie am linken Rand ein Rechteck von 3,5 cm mal 3,7 cm herausgebrochen hat? Gib das Ergebnis bitte in m^2 an.

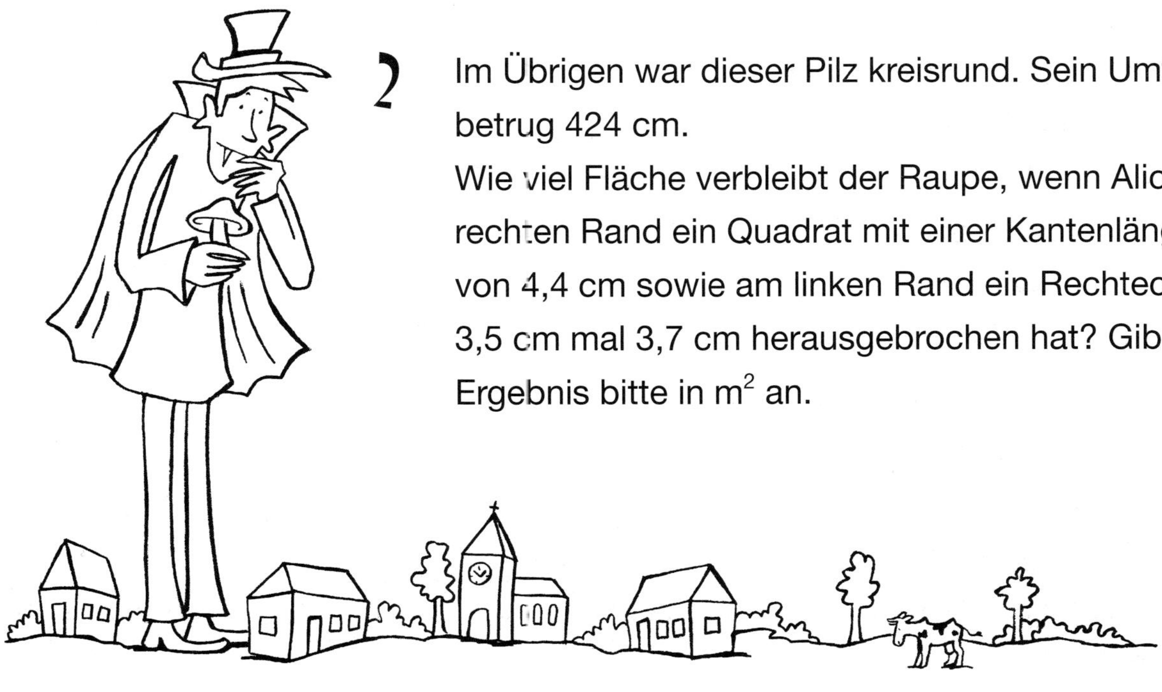

3 Auf diese Art von Selbsterfahrung hätte Alice auch verzichten können. Aber immerhin erging es ihr im Wunderland besser als den beklagenswerten Austern: Ein Walross lockte sie mit fadenscheinigen Versprechungen von ihrer Mutter fort, um die armen Dinger dann nach und nach in seinem Schlund zu versenken, insgesamt 37 minderjährige Muscheltiere. Dafür benötigte es 629 Sekunden.

- Wie viele Sekunden brauchte das Walross durchschnittlich für eine Auster?
- Wie lange hätte das Walross weitergeschmaust, wenn es in demselben Tempo auch den Austernkindergarten der benachbarten Muschelbank mit 73 Zöglingen verschlungen hätte?
- Wenn eine prächtige Auster etwa 13 Kilokalorien hat, wie hoch ist der Brennwert der beiden obigen Menüs?

4 Als Alice sich völlig erschöpft von ihrer Suche nach dem weißen Kaninchen zum Haus des Hutmachers schleppte, stand da im Vorgarten unter dem Baum ein gedeckter Tisch. Hübsches Leinentuch, Servietten, Blumenvase und Geschirr: Wie man es halt aus besseren Cafés so kennt. Eingedeckt war für acht Personen mit jeweils Teller, Tasse und Untertasse sowie für alle zusammen Teekanne, Keksdose, Zuckerdose *(letztere drei mit Deckel),* zwei Kerzenleuchtern und einem Sahnekännchen, einer Obstschale, einem Kuchenteller und einer Blumenvase *(Bestecke lassen wir mal unerwähnt).*

Alice aber registrierte auf den ersten Blick, dass nur drei Figuren am Tisch versammelt waren. Um ganz genau zu sein waren das: der Hutmacher, der verrückte März-Hase sowie eine dösende Haselmaus.

Hätte Alice sich nicht ziemlich schlapp gefühlt, dann würde sie dieser abgedrehten Gesellschaft unverzüglich den Rücken gekehrt haben. Denn nicht nur, dass man Alice keinen Tee anbot, der Hutmacher sagte zudem ärgerliche Dinge über ihre Frisur, man piesackte die Haselmaus, ruinierte eine Taschenuhr und nervte durch ständiges Herumgehampel und Gekreische.

Zu allem Überfluss schlug dann noch mit ohrenbetäubendem Krach eine Art Granate in die Teetafel ein. Bei näherer Betrachtung erwies sich das Geschoss als Igel, den die Herzkönigin als Ballersatz beim Krocket mal wieder weit übers Tor hinaus geschmettert hatte. Bei diesem Luftangriff wurden $\frac{5}{6}$ des Tafelgeschirrs zerdeppert.

- Wie viele Teile verblieben nach Beseitigung der Scherben zur Fortsetzung der Teeparty?
- Und wie viele mussten ersetzt werden?

5 Neben der unerfreulichen Teegesellschaft war ihre ständig wechselnde Körpergröße für Alice während ihres Irrlaufs durch dieses Anti-Paradies eine dauernde Quelle für Ärger und Verdruss:
Als sie zu Beginn ihrer Abenteuer dem weißen Kaninchen in seinen Bau folgte, fand sie sich in einem Raum wieder, dessen Ausgang verschlossen war. Dieses Zimmer war quaderförmig: 3,20 m lang, 2,15 m breit und 2,30 m hoch.
Als sie von einem Rosinenkuchen naschte, wurde Alice so groß, dass sie mit dem Kopf gegen die Zimmerdecke rummste. Vor Schreck begann sie zu weinen. Doch, oh je: Jede ihrer Tränen hatte ein Volumen von 0,5 Litern. Pro Minute kullerten 120 traurige Tropfen ihre nunmehr riesigen Wangen hinunter und schlugen platschend auf dem Zimmerboden auf. Alice konnte sich einfach nicht beruhigen, und bald umspülte der Tränenteich ihre Fußknöchel.

- Wie lange dauerte es, bis das verstörte Kind durch sein ununterbrochenes Plärren den Raum bis zu einer Höhe von 15 cm gefüllt hatte?
- Wie lange brauchte das verstörte Kaninchen, um den Tränenteich wieder aus seinem Heim abfließen zu lassen, wenn pro Sekunde 12,9 Liter Wasser durch die geöffnete Tür strömten?

ALICES ABENTEUER – TEIL 2: VON HERZKÖNIGINNEN UND HUMMERN

(QUER DURCH DEN RECHENGARTEN)

Auch die übrigen Bekanntschaften im Wunderland waren nur sehr bedingt erfreulich.

1 Die unangenehmste Begegnung für Alice war sicher die mit der stets übellaunigen Herzkönigin. Anstatt die Arbeitskraft ihrer spielkartenförmigen Bürger für sinnvolle Projekte zu nutzen, quälte sie sie andauernd mit wahnwitzigen Anweisungen. Als Alice zufällig zu ihrem Garten kam, war jede der 32 Karten damit beschäftigt, an je 32 weißen Rosensträuchern je 32 weiße Rosen rot anzupinseln. Jedes einzelne der 32 Blütenblätter musste mit einem Dachshaarpinsel lackiert werden. Ein absolut hirnverbrannter Job! Und wir wüssten in dieser hirnverbrannten Rechenaufgabe gerne, wie viele Blütenblätter umgefärbt wurden.

2 Und wenn du dann noch nicht genug hast von roten Rosen, dann teile uns bitte mit, wie viel ihrer kostbaren Lebenszeit jede Spielkarte auf diese Herausforderung verwandte, wenn sie für ein Blütenblatt 15 Sekunden benötigte. Und wie viel Zeit schließlich hätte eine Karte für das Färben aller Sträucher gebraucht? Runde die Zahlen auf die erste Stelle hinter dem Komma.

3 Die naseweise Alice rechnete der Herzkönigin unaufgefordert vor, dass man vor Einbruch des Winters kaum mit der Färbeaktion fertig werden würde. Das findige Kind schlug der Königin den Einsatz von Sprühlack vor. Pro Blütenblatt ließen sich so rund 20 % des Zeitaufwandes einsparen. Die Herzkönigin war restlos begeistert! *(So etwas nennt man „Prozessoptimierung", und Alice wurde später erfolgreiche Unternehmensberaterin bei einem namhaften deutschen Automobilkonzern.)*
Berechne die Zeitersparnis, die dieser kreative Vorschlag den Spielkarten einbrachte.

4 Ein Erlebnis der besonderen Art war für Alice auch die so genannte Hummerpolonaise. Die ging so: Lachse, Schildkröten und Seehunde stellten sich am Strand in Zweierreihen auf. Zu jedem Tier gesellte sich als Tanzpartner ein Hummer. Ein paar Schritte nach rechts und links, ein paar Drehungen, schwups, wurden die Hummer von ihren Partnern ins offene Meer geschleudert. Danach stürzte sich alles in die Fluten, um die Krustentiere zurück an Land zu zerren, damit der Tanz von neuem beginnen konnte. *(Sicher kein reines Vergnügen, aber aus Sicht der Hummer war es allemal besser Polonaise zu tanzen, als unter Mayonnaise auf einer Servierplatte zu landen.)* Bei Ebbe stand dem Meeresgetier für seinen Gesellschaftstanz eine rechteckige Fläche von 31,20 m mal 3,00 m zur Verfügung.
- Wie viel Fläche ergibt dies rechnerisch für jedes der 36 Paare?
- Allerdings brauchten die 12 Seehund-Hummer-Duos etwa doppelt so viel Platz wie die anderen Tänzer. Wie viel hatten sie, wie viel die Paare mit Lachsen und Schildkröten?

5 Nach der ersten Runde geben 3 Lachse, 4 Schildkröten und 2 Seehunde auf, da sie in Quallen getreten sind. Gleichzeitig steigt die Flut und überschwemmt die Tanzfläche.
Reicht das zusammengeschrumpfte Rechteck von 31,20 m mal 2,20 m den verbliebenen Paaren für eine zweite Runde?

6 Sehr dynamische Tänzer waren die Walrosse. Sie drehten ihre Tanzpartner in einem exakten Kreis und mit einem Radius von 85 cm um sich. Sie wollten gern in vier 4er-Reihen ihre Tanzflosse schwingen.

- Wie groß waren für jedes Paar der Umfang und die Fläche des so beschriebenen Tanzkreises?
- Reichte die 6,75 m breite, quadratische Tanzfläche aus?

7 Am Ende treffen sich noch einmal alle an der Tafel des verrückten Hutmachers, um sich bei einer Tasse Tee abzureagieren und über ihre Abenteuer auszutauschen. Besonders mitgenommen hatte die meisten der ständige Wechsel ihrer Körpergröße, mit dem sich nicht nur Alice abplagte.

Das weiße Kaninchen mit einer Ausgangslänge von 0,52 m wuchs um 280 %, nachdem es an dem verzauberten Rosinenkuchen geknabbert hatte.

Das stattliche Walross hingegen maß vor dem Genuss des Raupenpilzes 1,92 m und schrumpfte dann um 15 %.

Der Hutmacher war normalerweise mit seinen 1,55 m eher ein Knirps. Ihm bescherte der Zauberpilz 125 % dieser Länge.

Die Herzkönigin, eher breit als hoch, steigerte ihr Ausgangsformat von 1,62 m um 33 % und flößte den Untertanen wie dem Gatten danach noch mehr Entsetzen ein.

„Hut ab, ich glaub, du bist am größten“, verbeugte sich der Hutmacher vor dem Kaninchen. „Nicht ich?“, schnaufte das Walross, was die Königin sehr empörte: „Die Raupe mit ihrem verfluchten Pilz hat euch wohl die Hirne geschrumpft! Ich bin und bleibe auf immer die Größte!“

Wer hat Recht? Bitte berechne die Körperlänge unserer Helden, runde die Maße auf die zweite Stelle hinter dem Komma, und reihe die Schar der Größe nach (von groß nach klein) auf.

Tarzans tierischer Zahlendschungel

(Flächen und Grössenvergleiche)

Von den viel gereisten Engländern war bereits bei Robinson die Rede. Und dann gab es noch Tarzan, den Affenmenschen. Der war Ende des 19. Jahrhunderts als Kind seinem Vater, einem englischen Urwaldforscher, im afrikanischen Unterholz abhanden gekommen. Heute hat man Geländewagen, Infrarotkameras, Helikopter und Malariapillen. Damals war nicht viel zu machen. Glück im Unglück: Ein Gorillaweibchen ignorierte die Artengrenze und zog das Baby auf, das dann als „Tarzan, der Herr des Urwalds" in Kinos und Comics Karriere machte.

1 Im Dschungel herrscht das Gesetz des Stärkeren. Um herauszufinden, wer der Stärkere ist, kann man zum Beispiel schauen, wer über das größte Territorium herrscht.

- Der Gorilla Kertschak kontrolliert ein Stück Regenwald von 4,5 km Länge und 2,8 km Breite.
- Häuptling Lumumba beherrscht eine Savannen-Fläche von 8,2 km mal 6,73 km.
- Entomologen (Insektenforscher) aus Edinburgh haben auf der Suche nach Krokodilzecken den Fluss auf einer Länge von 12,04 km und einer Breite von 1,2 km im Griff.
- Tarzan ist Herr über ein Jagdrevier von 6,77 km mal 4,81 km.
- Seine Lebensabschnitts-Gefährtin Jane beherrscht ihren Tarzan in einem exakten Radius von 3,3 km um dessen Baumhütte herum.
- Die Tse-Tse-Fliege hingegen regiert das nahezu quadratische Sumpfland (Kantenlänge: 11,5 km).

Wer ist der Größte am Äquator? Bitte ordne die Ergebnisse von der kleinsten Fläche angefangen. Runde auf die 2. Stelle nach dem Komma.

2 Nach monatelanger schweißtreibender Suche sind die Entomologen aus Edinburgh fündig geworden: Sie orteten die zentralafrikanische Krokodilzecke.
Wie viele dieser possierlichen Tierchen finden auf einer Echse mit 3,4 m^2 Körperoberfläche ihr Auskommen, wenn eine Zecke für ihr Gedeihen 17 cm^2 Lebensraum benötigt?

3 Wenn auf der von den Entomologen abgesuchten Flussstrecke 234 gleich große Krokodile mit entsprechender Zeckenbesiedlung leben und unter Tarzans Baumhütte in einem Termitenhügel 13^5 Krabbeltiere wimmeln, welche Population ist dann größer?

4 Außer mit seiner Lebensabschnitts-Gefährtin Jane teilte sich Tarzan die Baumhütte, die auf einem riesigen Baobab thronte und über eine Grundfläche von 6,30 m mal 3,60 m verfügte, noch mit der Schimpansin Cheeta. In dieser Wohngemeinschaft stand jedem dieselbe Anzahl von Quadratmetern zu.
Wer hat mehr Lebensraum? Cheeta? Ihre Tante Charlotte, die im Londoner Zoo eine Einzelzelle von 2,40 m mal 4,60 m bewohnte? Oder der Edinburgher Entomologe, der in seiner Studierstube mit den Maßen 2,85 m mal 4,45 m nicht nur Zecken zählte, sondern auch seinen ständigen Wohnsitz genommen hatte?
Das Ergebnis ist ziemlich eindeutig. Mache zuerst eine Überschlagsrechnung im Kopf, bevor du das Ergebnis auf die 2. Stelle hinter dem Komma genau berechnest.

Weitere Zwischendurch-Limericks

(Dezimalzahlen und Prozente)

1 Frau von Wirsing und ihr Piercing

Lucia-Mirinda von Wirsing
Ist wahnsinnig stolz auf ihr Piercing.
Ein Loch in der Lippe,
Eins unter der Rippe …
Es war viel Metall, das an ihr hing.

Lucia-Mirinda trägt ein Piercing mit einem 5-karätigen Diamanten, drei Piercings mit 4-karätigen Smaragden, sieben mit 2-karätigen Rubinen, 5 mit 3-karätigen Citrinen. Die restlichen Piercings fassen Klunker von je einem Karat *(spätestens seitdem du dich mit Schneewittchens Hochzeit befasst hast, weißt du: 1 Karat entspricht 0,2 g).*

- Wie viele Piercings muss sie sich machen lassen, um das Gewicht des berühmten Kooh-e-noor-Diamanten auf ihrem Körper zu tragen? *(Ausgesprochen wird dieser berühmte Diamant: „Kuhenur", was „Berg des Lichts" bedeutet; er hat 109 Karat.)*
- Wie viel Gramm Juwelen trägt Frau von Wirsing dann mit sich herum?

2 Der Masseur aus Rheine und die Schweine

Der Masseur Günther Glitsch aus Rheine
Hat als Stammkundschaft ausschließlich Schweine.
Er walkt sie mit Macht,
Bis die Schwarte laut kracht.
Sie quieken dann nicht nur zum Scheine.

Günther Glitsch betreibt seine Massagepraxis an 6 Tagen pro Woche. Pro Tag hat er 6 säuische Kundinnen. Pro Schwein verbraucht er 6 Tuben marokkanischer Mandelmuspaste. Nach 6 Wochen gönnt er sich eine Pause.

- Wie viele Kundinnen hat er dann bedient?
- Und wie viele Dosen Mandelmuspaste verbraucht?

3 Parzival Sassen kann es nicht lassen

Ballett-Tänzer Parzival Sassen
Kann einfach das Naschen nicht lassen.
Er fühlt sich gesund,
Doch er wiegt 1.000 Pfund.
Sein Kostüm will ihm nun nicht mehr passen.

Der Theaterintendant setzt Parzival auf Diät. Jeden Monat verliert der Tänzer 10 % seines Körpergewichts.
Wie viele Monate braucht Parzival, um sein Idealgewicht von etwa 67 kg auf die Waage zu bringen? Runde die Zahlen bis auf die dritte Stelle hinter dem Komma. *(Und bedenke, dass auch dies keine Rechenaufgabe aus dem wahren Leben ist!)*
Stelle abschließend den Diätverlauf von Parzival Sassen in einer Kurve dar.

OTTOS MOPS

(GLEICHUNGEN)

Ottos Mops hat natürlich auch einen eigenen Namen, aber der spielt hier keine Rolle. Alle nennen ihn Ottos Mops, weil das so gut klingt mit den drei „O". Ottos Mops ist nicht nur Hund seines Herrchens – bringt ihm die Pantoffeln, die Zeitung, bekommt sein Fressen etc. –, sondern führt auch ein ausgeprägtes Eigenleben im Hof und im Viertel. Dort ist Ottos Mops nicht als folgsames Haustier, sondern eher als geräuschvoller Angeber bekannt, was nicht ohne Einfluss auf die Umgebung bleibt.

Wenn Ottos Mops motzt, ziehen sich die Katzen aus der Nachbarschaft, beleidigt über den groben Ton, würdevoll zurück.
Wenn Ottos Mops rotzt, ringeln sich die Regenwürmer, entsetzt über die Bakterien in der feuchten Ladung von oben, schleunigst hinweg.
Wenn Ottos Mops kotzt, ist die Wirkung noch ärger: Dann flattern sämtliche Vögel, angewidert von dem Gestank, auf die obersten Baumwipfel.
Wenn Ottos Mops protzt und mit seinen Falten strotzt, die ihm ein so ausdrucksstarkes Gesicht verleihen, rümpfen die Pudeldamen der näheren und ferneren Umgebung *(die gerade in der Gegend sind)* verächtlich ihre rasierten Schnauzen und murmeln abfällig: „Rollmops!".

1 Wie viele Katzen ziehen sich beleidigt zurück, ...

2 Wie viele Regenwürmer ringeln sich entsetzt hinweg, ...

3 Wie viele Vögel flattern angewidert in die Baumkronen, ...

4 Wie viele Pudeldamen rümpfen verächtlich ihre rasierten Schnauzen, ...

... wenn 3 Regenwürmer von $\frac{1}{5}$ der Vögel gefressen werden *(jeder Vogel verspeist 1 Regenwurm)* und es ursprünglich 4-mal so viele Regenwürmer wie Vögel und $\frac{1}{5}$ so viele Pudel wie zu Anfang Regenwürmer und Vögel zusammen gibt und $\frac{1}{3}$ davon Pudeldamen sind und sich außerdem 6-mal so viele Katzen wie Pudeldamen am Tatort befinden, von denen sich $\frac{4}{5}$ beleidigt zurückziehen?

Schmidtchen-Schleicher

(Zinsen und Zinseszinsen)

Karl-Heinz Schmidtchen-Schleicher ist ein polizeibekannter Hochzeitsschwindler und Hochstapler. Gerade erst hat er 1 Jahr auf Bewährung aufgebrummt bekommen, weil er in teuren Restaurants die Zeche geprellt und diverse piekfeine Hotels klammheimlich wieder verlassen hat, ohne zu bezahlen. So kamen Rechnungen im Wert von fast 14.000 € zusammen. Bei der Verurteilung wurde seine Habe gepfändet; auch musste er zu seinem Leidwesen den Rolls Royce und die Klunker zurückgeben, die er sich von Gräfin Marika „ausgeliehen" hatte. Trotzdem war Schmidtchen-Schleicher noch froh, dass er nicht in den Knast kam, und versprach – dieser Freude Ausdruck gebend – dem Richter hoch und heilig, in Zukunft einem ehrlichen Broterwerb nachgehen zu wollen und seine reichlichen Schulden gewissenhaft abzustottern.

1 Erst versucht er das ja auch. Na ja, mehr oder weniger, denn als echte Arbeit kann man seinen ersten Anlauf, wieder zu Geld zu kommen, wohl kaum bezeichnen: Vor 36 Tagen, kurz bevor seine Schwindeleien aufgeflogen waren, hatte er einem alten Kumpel *(damals hatte er noch ein dickes Portemonnaie)* 3.500 € geliehen. Die fordert er jetzt zurück und verlangt noch 7 % Zinsen pro Tag *(ziemlicher Wucher).*

Wie viel Geld fordert er also und wie viel bekommt er, wenn ihn der Kumpel mit einem blauen Auge sowie $\frac{1}{5}$ der geliehenen Summe plus 0,5 % Zinsen pro Tag auf diesen Teilbetrag aus dem Zimmer schiebt?

2 ! Die paar Kröten verbraucht Schmidtchen-Schleicher bei seinem aufwändigen Lebensstil *(Champagner, dicke Zigarren und so),* von dem er sich nicht verabschieden mag, allerdings schnell, von Schuldentilgung gar nicht zu reden. Die Jobs, die ihm der Bewährungshelfer anbietet *(Paletten stapeln, Putzkolonne, Paketdienst),* sagen ihm allerdings überhaupt nicht zu. So verfällt er wieder seinem alten Laster, studiert die Heiratsannoncen in den großen Zeitungen, wo reiche Männer dekorative Frauen oder gut situierte Damen den passenden smarten Gentleman suchen.

Bei einer Dame aus dieser Kategorie, Frau Isolde Schöngut, wird Schmidtchen-Schleicher als Baron von Coxhaben vorstellig. Man diniert ein paar Mal stilvoll und kommt sich näher. Dann schlägt Baron Coxhaben alias Schmidtchen-Schleicher vor, das Vermögen von Isolde zu verwalten und zu mehren. Die hatte allerdings schon einmal schlechte Erfahrungen mit einem charmanten, aber luftigen Liebhaber gemacht, gibt ihm – leihweise – nur 8.888 € *(sie liebt solche Zahlen)* und stellt ihm die Aufgabe, diese Summe für einen Monat (30 Tage) mit 6 % Jahreszins zu verzinsen.

- Wie viel Plus würde er dann erwirtschaften?
- Schmidtchen-Schleicher entdeckt ein Angebot mit 0,017 % Tageszins, blättert aber – „Das kommt ja vorne und hinten nicht hin!“ – schnell weiter. Ein kluger Entschluss? Wie groß ist der Unterschied zu Frau Schönguts Vorgabe?

3 So oder so macht unser Freund keinen Gewinn; im Gegenteil: Er verjubelt das Geld, bricht eines dunklen Abends sogar in das Haus der reichen Lady ein *(inzwischen kennt er die Örtlichkeiten natürlich ganz genau)* und entwendet die fünf Tausender, die Isolde Schöngut vor ihrem Theaterbesuch auf die Kommode gelegt hat, um sie am kommenden Tag bei der Bank einzuzahlen. Mit den Scheinchen taucht Schmidtchen-Schleicher am nächsten Morgen bei einem Geldinstitut seines Vertrauens auf.
Als er erfährt, dass die Bank ihm schnöde 2,3 % effektiven Jahreszins anbietet, überschlägt er rasch, wie die Zinseinnahmen nach Ablauf des Jahres dann sind *(Nun???)* und wie viele Flaschen Champagner er von den Zinsen erwerben könnte *(Würde das Geld für 8 Flaschen reichen, wenn eine Flasche seiner Hausmarke 14,50 € kostet?)*; dann bekommt er einen Wutanfall.

4 Daraufhin drückt der Bankangestellte diskret den Alarmknopf. Bevor Schmidtchen-Schleicher sich besinnen oder gar weglaufen kann, steht ein Polizist vor ihm und überprüft die gefälschten Papiere des Baron von Coxhaben. Kurz darauf taucht auch Isolde Schöngut auf und attackiert ihn unter nicht sehr vornehmen Beschimpfungen mit ihrem Regenschirm.
Aber das dicke Ende kommt erst noch: Schmidtchen-Schleicher, in der Bewährungszeit rückfällig geworden, wandert jetzt tatsächlich für einige Zeit in den Knast. Seine Schulden belaufen sich auf ca. 33.000 €.
Auf welche Summe erhöht sich dieser Betrag in 3 Jahren, wenn jedes Jahr eine Verzinsung von 5 % (mit Zinseszins) anfällt?

5 Wie viel von seinem ehrlich erarbeiteten Gefängnislohn müsste Schmidtchen-Schleicher monatlich zur Seite legen, wenn er innerhalb eines Jahres 4,5 % seines Schuldenbergs von (unverzinsten) 33.000 € tilgen wollte und einen Monatslohn von stolzen 495 € erhält?

Die Gemäldegalerie

(Funktionen und Graphen)

In den großen berühmten Gemäldegalerien dieser Welt – nehmen wir nur den Louvre in Paris, die Alte und Neue Pinakothek in München, das Metropolitan Museum in New York oder die Eremitage in Sankt-Petersburg – hängen in unzählig vielen Sälen unzählig viele Bilder. Nun gibt es Eltern, die einen netterweise in solche Städte mitnehmen und wohlmeinenderweise durch die genannten oder andere Museen schleifen *(auch Essen oder Dresden, Berlin oder Hamburg, Düsseldorf oder Köln, Stuttgart oder Emden verfügen über bemerkenswerte und weitläufige Kunstsammlungen).* Die Begeisterung für die einzigartigen Erzeugnisse menschlicher Vorstellungskraft und Kunstfertigkeit wird allerdings durch den Ermüdungsfaktor stark abgeschwächt. Genauer gesagt, verhält es sich so, dass die Begeisterungskurve β (lies: *beta*) vom höchsten Wert 100 rasch abfällt, während die Ermüdung μ (lies: *mü*) von ihrem angenommenen idealen Ausgangswert 0 ebenso rasch nach oben klettert.

1 Beim 10. Bild hat der untrainierte Besucher mit linear ansteigender Ermüdung $\mu = 1$ erreicht, bis zum 16. Bild wächst μ mit Faktor 0,25, um sich dann bis zum 18. Bild linear auf stolze 3,5 zu steigern. Dann bleibt der μ-Anstieg konstant *(also wie zwischen dem 16. und 18. Bild).*
- Zeichne den Graphen!
- Bestimme die Terme für die einzelnen Ermüdungsphasen in Abhängigkeit von n, der Anzahl der betrachteten Bilder.

2 Bei welchem Wert von μ ist der Gemäldegalerie-Tourist angelangt, wenn er im Louvre nach 302 vorher absolvierten Bildern endlich das Lächeln der Mona Lisa erblickt *(und müde zurücklächelt)*?

3 Beim wievielten Bild schneiden sich die Kurve der Begeisterung (β) und der Ermüdung (μ), wenn die Begeisterung im selben Verhältnis abnimmt, wie die Ermüdung steigt?

4 Bei Führungen betrachtet man zwar längst nicht so viele Bilder, bleibt dafür aber dreimal so lange vor den Gemälden stehen, die erklärt werden. Damit nimmt μ einen gänzlich anderen Verlauf. Schon beim 3. Bild liegt der μ-Wert bei 8, beim 8. beträgt er 18, beim 18. hat er stolze 38 erreicht und so geht es immer weiter.
Welchen Wert hätte μ erreicht, wenn der Fremdenführer seine Gruppe erst nach 38 Bildern entlassen würde? Bestimme die Gesetzmäßigkeit der Kurve!

5 Bei dem Besuch einer Gemäldegalerie ohne Führung, aber mit Hunger erhöht sich der μ-Anstieg noch dramatischer und multipliziert sich mit dem Zeterfaktor ζ (lies: *zeta*). Wenn der ζ-Faktor 100 erreicht ist – er ist das Produkt aus μ *(siehe Aufgabe 1)* und 2,5 – verlassen deine entnervten Eltern mit dir fluchtartig und schimpfend die Kunststätten.
Beim wievielten Bild hast du das geschafft?

Das Nikolaus- und Osterhasen-Therapieseminar

(Runden grosser Zahlen)

Die Misshelligkeiten des modernen Alltagslebens gehen natürlich auch an Osterhasen und Nikoläusen nicht spurlos vorbei: Saisonarbeit, Terminstress, Sparmaßnahmen, mangelnder Respekt von Kindern und Jugendlichen, Mobbing, wachsende Gewaltbereitschaft gegen Schokoladenerzeugnisse in Formguss ... Das Therapieseminar vom letzten Wochenende versprach wirksame psychologische Beratung und praktische Hilfe für allerlei Probleme des Berufsalltags und wurde immerhin von der Gewerkschaft finanziert. Die Einladung klang viel versprechend. Da auch der Tagungsort nett gelegen war und man hoffen konnte, viele alte Bekannte wieder zu sehen, war das Nikolaus- und Osterhaseninteresse entsprechend groß.

1 Der Nikolaus hatte furchtbar schlechte Laune. Der Glühwein auf dem Weihnachtsmarkt in Karlshausen war ihm auf den Magen geschlagen. Auch ärgerten ihn die vielen Kerle, die mit rotem Mantel und weißem Rauschebart in den Städten unterwegs waren oder gar für irgendwelche Geschäfte Reklame machten und sämtlich vorgaben, er – der Nikolaus – zu sein.
„Pro Tag“, seufzte der Nikolaus *(der pingelig genau Buch führte),* „begegnen mir 2.511 Doppelgänger mit Rauschebart, 2.527 Doppelgänger, die für Geschäfte Reklame machen und sogar 413 Doppelgänger, die unter dem roten Deckmantel Einbrüche begehen und Handtaschen klauen wollen. Das macht allein in den ersten vierzehn Tagen der Adventszeit ...“ *(nun, wie viele Doppelgänger der verschiedenen Sorten???)*
„Das ist schon arg“, fiel ihm der Moderator ins Wort, „aber Sie sollten die Zahlen runden, um etwas gelassener mit der Invasion Ihrer Doppelgänger umzugehen.“
Das tat Nikolaus dann auch *(und kam auf welche Zahlen – pro Tag bzw. für die ersten zwei Wochen der Adventszeit?),* fand aber, dass er einzigartig und schon ein einziger Doppelgänger zu viel sei.

Welche Unterschiede ergeben sich, wenn man erst die Tageswerte auf Hunderter rundet, addiert und dann diese Tagessumme auf 14 Tage hochrechnet, gegenüber der Addition der exakt berechneten 14-Tagewerte mit anschließender Rundung?

2 Da fielen ihm die Osterhasen ins Wort. „Du hast es gut! Du weißt wenigstens, wer du bist, woher du kommst, bist Held einer edlen Legende und hast einen schönen Namen. Wir haben nicht einmal den! Uns gibt es nur als namenlose Osterhasen; keiner kennt unsere Geschichte und rühmt unsere guten Taten. Die Schokolade ist unser Los. Allein im letzten Jahr wurden wir immer wieder in Formguss gegossen: die Ausführung *Groß mit Glöckchen* 796.599-mal, *Lila ohne Glöckchen* 1.111.123-mal, *Klein ohne Glöckchen* 123.713-mal, der Klassiker *Klein mit Glöckchen* 1.879.468-mal und das Modell *Klein mit Kremfüllung* 15.488-mal. Das macht exakt ..." *(wievielmal?)*
„Auch ihr nehmt es zu genau, liebe Hasen", schaltete sich der Moderator wieder ein, „ihr könnt getrost auf Tausender auf- oder abrunden, auf die paar Schokoladenhasen mehr oder weniger kommt es da doch nicht mehr an."
Sind es tatsächlich nur ein paar Schokoladenhasen mehr oder weniger?
Auf welche Differenz kommt ihr beim genauen Rechnen und beim Runden auf Tausender?

3 Knecht Ruprecht störte das Gejammere der Osterhasen. „Was wollt ihr eigentlich", murmelte er übellaunig, „euch mag man wenigstens und hat euch zum Fressen gern. Bei mir ist das viel trostloser. Früher, ja früher, da wurde ich von den Kindern geachtet, verehrt und auch gefürchtet. Vor meiner Rute haben alle ein wenig gezittert. Das war nicht schlecht. Wenn ich zurückrechne, würde ich sagen, dass im Jahr 1950 noch 11.346.718 Kinder vor mir Respekt hatten, 1960 waren es immerhin noch 958.465, 1970 nur noch 491.723 Jungen und Mädchen, 1980 ganze 132.489 und 1990 gerade mal 97.110 Kinder. Die aktuellen Zahlen sind völlig niederschmetternd: Für 2000 komme ich auf 40.009 Kinder, die mich achten, und in diesem Jahr haben mir gerade mal 29.419 Kinder ein Lied gesungen!"
„Die Gesamtsumme respektvoller Kinder ist schon eindrucksvoll", meinten die anderen, gaben aber auch zu, dass der Unterschied zwischen 1950 und heute gewaltig sei.
Auf welche exakten und auf Tausender gerundeten Summen kommt man?

4 So konnten alle ihre Klagen vorbringen; und selbst wenn sich die meisten Probleme nicht abstellen ließen, ging von der Ermahnung des Moderators zu größerer Gelassenheit doch immerhin wohltuende Wirkung aus. Bei den abschließend verabschiedeten Resolutionen machte sich allerdings wieder der Hang von Nikolaus und Osterhasen zu größter Pingeligkeit und genauester Buchführung bemerkbar.

a) Die erste Resolution richtete sich gegen den vielerorts zu beobachtenden und zu beklagenden Hang zur Überschmückung: „In der Gartenanlage eines einzigen Hauses habe ich 401.602 Glühbirnen gezählt, die einen Rentierschlitten, Tannen und Sterne bildeten bzw. beleuchteten“, erzählte der Nikolaus. Die Teilnehmer forderten einstimmig zu mehr Geschmack und Sparsamkeit auf *(weniger ist mehr!).*

b) Die zweite Resolution prangerte das Umschmelzen von Schokoladen-Nikoläusen in Osterhasen bzw. Osterhasen in Nikoläuse an. Ein Osterhase, ausgebildeter Buchhalter, rechnete vor, dass allein im vergangenen Jahr 399.123 Fälle nachweisbar waren, in denen Nikoläuse zu Osterhasen wurden, eine Umwandlung in die andere Richtung mussten 226.789 Formgusshasen erleiden.

c) Die dritte Resolution protestierte gegen den allzu frühen Verkauf von Weihnachtsgebäck schon ab September und von Osterartikeln bereits im Februar. „Als vorvoriges Jahr der Advent begann *(die Zahlen für das letzte und dieses Jahr liegen noch nicht vor),* waren in Pforzheim bereits 34.980 Spekulatius und 55.121 Lebkuchen verzehrt worden“, so die niederschmetternde Bilanz von Knecht Ruprecht.

Um diese Resolutionen öffentlichkeitswirksam zu machen, ist es natürlich sinnvoll, die Zahlen auf Tausender zu runden. Welche Zahlen werden publiziert?

Methusalix

(Potenzen)

Methusalix war auf seine alten Tage tüdelig geworden. Seine Frau Methusaline war zwar ebenso alt, hatte aber, oftmals zum Leidwesen von Methusalix, noch ein hervorragendes Gedächtnis. Sämtliche Versäumnisse, Versehen und Vergesslichkeiten ihres Mannes registrierte sie sofort und merkte sie sich mit einiger Unerbittlichkeit für lange Zeit. Ein kritischer Termin war stets ihr *(bekanntlich jährlich vorkommender)* Hochzeitstag am 5. Mai.

1 Vor drei Jahren hatte ihn Methusalix erstmals vergessen. Daraufhin musste er sich so viele Beschimpfungen anhören, dass deren Gesamtzahl der Größe der Familie *(gemeint sind hier nur das Ehepaar, ihre 4 Kinder, 12 Kindeskinder und 2 Kindeskindeskinder, nicht die 4 Onkel, 5 Tanten, 3 Schwager, 2 Schwiegertöchter, 11 Neffen, 7 Nichten und deren 8 Kinder)* im Quadrat entsprach.

2 Methusaline hatte bereits eine Verschärfung des Strafmaßes angekündigt, sollte ihr Gatte den besonderen Tag noch einmal vergessen. Als vor zwei Jahren wiederum der Hochzeitstag nahte, machte Methusalix daher 3 Knoten in sein Taschentuch, um dieses Mal auf jeden Fall an das wichtige Datum zu denken und rechtzeitig einen Blumenstrauß zu besorgen. Allerdings ließ Methusalix das Taschentuch mit den Knoten am 1. Mai in der Straßenbahn liegen, sodass es am 5. Mai sowohl mit den Glückwünschen als auch mit den Blumen haperte. Methusaline war natürlich schwer enttäuscht und sauer.
Ihre schlechte Stimmung entsprach, mathematisch ausgedrückt, der Zahl der Familienmitglieder *(siehe oben)* plus der Anzahl der Knoten hoch drei.

3 Als vor einem Jahr der 5. Mai erneut gefährlich näher rückte, fasste Methusalix 15 gute Vorsätze, den Hochzeitstag in diesem Jahr nicht wieder zu verpassen, beschrieb zu diesem Zweck 8 Zettel, die er an strategisch wichtigen Punkten in der Wohnung unterbrachte. Methusaline war aber der Meinung, dass er sich auch ohne solche Denkhilfen des Tags ihrer Eheschließung entsinnen müsse und entfernte die Zettel im Rahmen einer größeren vorhochzeitstäglichen Putzaktion. Doch dann hatte sie die Bescherung: nämlich keine Bescherung, keine Blumen oder Gratulation. Ihre anschließenden Beschwerden waren so umfänglich wie die 15 guten Vorsätze mal der 8 Zettel und das Ganze hoch vier.

4 Dieses Jahr ging, man glaubt es kaum, alles glatt. Auch ohne Knoten, gute Vorsätze und Zettel fiel Methusalix bereits am 4. Mai ein, dass der große Tag bevorstand. Er kaufte eine Torte, eine Flasche Champagner und einen Strauß rote Rosen. Damit überraschte er am 5. Mai Methusaline, die schon mit dem Schlimmsten gerechnet hatte, jetzt aber so gerührt war, dass sie einen ganzen Strom von Freudentränen vergoss: so viele wie Knoten, Vorsätze, Zettel, Torte, Champagner und Strauß zusammen hoch fünf.

DER TURNER AXEL SCHWEISS

(BRÜCHE)

Der Turner Axel Schweiß hat sich viel vorgenommen. Er will unbedingt an den nächsten Europameisterschaften teilnehmen. Daher trainiert er so oft und so intensiv es eben geht: Kraft- und Dehnübungen, Ausdauertraining, Technik, na was eben alles so dazugehört. Ein Ziel vor den Augen zu haben, ist zwar gut und schön. Aber das Training ist auf die Dauer natürlich doch öde und ganz schön eintönig. Um sich die Zeit beim Hantelnstemmen, Laufen und Turnen zu vertreiben und auch um sich Mut zu machen, betreibt der fleißige Axel bei seinen Übungen gerne *(leicht verwegene)* Gedankenakrobatik. So überlegt er:

1 „Wenn ich täglich $\frac{3}{4}$ Stunden länger trainiere als Carsten Hüppauf, der neulich so schrecklich mit seinen 62 Pokalen, Plaketten und Abzeichen auf dem Regal angegeben hat, müsste ich eigentlich meine eigene *(zugegeben noch magere)* Sammlung von 16 Pokalen und Siegernadeln im nächsten halben Jahr pro Monat um eine Anzahl erhöhen können, die wenigstens $\frac{2}{15}$ der täglichen zusätzlichen Trainingsminuten entspricht."
Falls er das schafft – an dem Anblick wie vieler eigener Pokale, Plaketten etc. kann Axel Schweiß sich dann freuen?

2 ! „Wenn sich in einem Jahr dann noch einmal doppelt so viele Pokale, Siegernadeln usw. in meinem Besitz befinden und ich diese Zahl mit den bis dahin konsumierten Kraftriegeln (täglich 4) multipliziere, von dieser Zahl $\frac{1}{40}$ nehme und das Ergebnis mit $\frac{2}{5}$ der durchschnittlich 225 täglichen Trainingsminuten multipliziere, komme ich auf ..." *(???, warum und wozu er gerade das berechnen wollte, ist allerdings nicht bekannt)*

3 „Wenn ich die jährliche Kraftriegelmenge auch nur um $\frac{3}{20}$ verringern und statt dessen für je 3 gesparte Riegel ein Deodorant kaufen würde, könnte ich meine Chancen bei den Frauen erheblich erhöhen, sagen wir mal um einen Wert, der $\frac{1}{9}$ der Pokale entspricht, die ich im ersten Jahr mehr haben will, mal der Zahl der inzwischen gekauften und benutzten Deos plus der verbliebenen Jahreskraftriegelration ...“
Um welchen Wert steigen also seine Chancen bei den Frauen?

4 „Wenn ich bei der netten Tänzerin Eindruck schinden will, die seit einiger Zeit immer in der Nachbarhalle trainiert, sollte ich es bei der Zahl der Deos belassen, dafür aber die Kraftriegel weiter reduzieren, ich denke mal von der verbliebenen Ration 2 abziehen, von dem Rest $\frac{4}{7}$ nehmen und die erhaltene Zahl Bella Rina in Form von Blumen verehren.“
Wie viele Blumen kann er ihr dann in einem Jahr verehren?
(Nachtrag: Die hübsche Tänzerin Bella Rina zog dann doch Axels Bruder Ronald vor, der zwar längst nicht so viele ansehnliche Muskeln und glänzende Pokale aufzuweisen hatte und ihr nur selten Blumen schenkte, der aber nicht ständig trainieren musste und mit dem sie sich sehr viel besser und unkomplizierter unterhalten konnte ...)

Die irren Fahrten des Odysseus – Teil 1

(Pythagoras und Quadratwurzeln)

Damit ihr nicht glaubt, das Monopol für aberwitzige Abenteuer läge bei den Engländern, sei an dieser Stelle noch der listenreiche Odysseus erwähnt. Dieser König der kleinen griechischen Insel Ithaka hatte den Krieg gegen Troja mithilfe seiner genialen Erfindung, dem „trojanischen Pferd“, nach zehn Jahren zu einem siegreichen Ende gebracht. Zehn weitere Jahre sollten aber noch ins Land gehen, bevor er endlich heimkehrte. Schuld daran waren boshafte Götter, die sich einen Spaß daraus machten, Odysseus und seine Gefährten quer durch das Mittelmeer zu scheuchen. Gottlob aber hatte Odysseus als Grieche die Lehrsätze des Pythagoras im Seesack.

1 Zu den Begegnungen der schaurigen Art zählte sicher das Treffen mit dem einäugigen Zyklopen Polyphem, der auf einer Insel in Süditalien hauste und dort dem Kannibalismus frönte. Ringkampf und andere olympische Disziplinen schieden zur Bezwingung von Polyphem aus, denn der Zyklop überragte selbst den größten Griechen *(ab dessen Schulter gemessen)* um stolze 4,83 m und hielt sich nie an die Regeln. Durch wohlgesetzte Worte war der Kerl ebenso wenig davon abzubringen, Odysseus und seinen Gefährten nach dem Leben zu trachten. Und so blieb denn nur heftige Gegenwehr.

Die Griechen montierten einen riesigen Fausthandschuh auf einer Lanzenspitze und schickten sich an, Polyphem damit aus dem Stand einen Schlag auf sein einziges Auge zu verpassen. Das Sehorgan des Zyklopen war mittig auf seiner Stirn *(22 cm unter dem höchsten Punkt seines Kopfes)* platziert. Das Gebüsch, von dem aus die Griechen heimlich den Schlag führen wollten, war lediglich 3,34 m von Polyphem entfernt.

– Wie lang muss die Lanze mindestens sein, um den Zyklopen außer Gefecht zu setzen? Bitte runde auf die zweite Stelle hinterm Komma. Bedenke, dass die Mindestlänge der Lanze noch um 1,50 m vergrößert werden muss, damit die Griechen diese Waffe auch handhaben können, und dass der Waffenarm ca. 75 cm lang ist.

– Bei deinen Berechnungen wirst du feststellen, dass die Lanze ziemlich lang und unhandlich ist. Odysseus beschließt daher, eine kürzere zu nehmen. Wie nahe müssen die Griechen an Polyphem heran, wenn sie sich für eine Lanzenlänge von 3,97 m *(die 1,50 m Manövrierlänge hier nicht eingerechnet)* entscheiden?

2 ! Odysseus hatte noch einen weiteren Trick in petto: Er schlug vor, Polyphem in ein zwischen zwei Pfosten gespanntes Netz zu scheuchen, zu Fall zu bringen, zu verschnüren, zu verschiffen und an die einsame Nymphe Calypso zu verkaufen, die eine Schwäche für große Kerle hatte.
Zur Stabilisierung des Netzes beschloss man, oben von jedem der zwei Pfosten (2,20 m hoch) zwei Seile zu spannen. Dazu musste man die Seile mindestens in 1 m Entfernung mit Pflöcken 10 cm tief in den Boden rammen. Pro Seil fielen noch einmal 10 cm extra zum Vertäuen am Netz an und die Griechen hatten insgesamt 10 m Seil gedreht.
Reichte das, um Polyphem zu Fall zu bringen? Oder sollte man sein Heil in der Flucht suchen?

3 Unerfreulich war auch die nächste Station der Seereise, die Begegnung mit den Ungeheuern Skylla und Charybdis. Beide beherrschten eine Meerenge. Schiffe, die diese Wasserstraße passierten, konnten schon mal mit Mann und Maus von den Strudeln der Charybdis verschlungen werden. Geschickte Navigatoren umfuhren den Schlund der Charybdis, um dabei nicht selten der sechsköpfigen Skylla zu nahe zu kommen und zum Futter für deren nimmersatte Mäuler zu werden.
So auch Odysseus und seine Mannschaft: Die Charybdis hatten sie glücklich umschifft. Vom Felsen der Skylla trennten sie 10,2 m. Das Ungeheuer selbst thronte auf dem Gipfel eines schwarzen Felsens in 8,5 m Höhe.
Erreicht Skylla die Seeleute, wenn sie mit ihren 13,5 m langen Hälsen nach ihnen angelt und soll Odysseus besser etwas mehr in Richtung Charybdis abdrehen?

4 Nicht minder gefährlich waren die Sirenen. Hierbei handelte es sich um im Mittelmeer ansässige Nymphen mit einem ähnlich fiesen Charakter wie unsere heimische Loreley. Durch ihren wunderschönen Gesang lenkten diese Wesen die Seefahrer dermaßen ab, dass letztere mit schöner Regelmäßigkeit auf Grund liefen und ihre Gebeine an den umliegenden Stränden in der Sonne blichen. Die schaurigen Sängerinnen bevölkerten einen Turm von 24,2 m Höhe. Die Macht ihrer Stimmen reichte, je nach Wetterlage, mindestens 186,5 m weit.
Wie groß ist der Abstand, den Odysseus und seine Gefährten mindestens einhalten müssen, damit sie nicht Opfer der liebreizenden Damen werden?

5 Sicher habt ihr schon gemerkt, dass bei den alten Griechen Frauen hauptsächlich eine Funktion haben: Sie stiften Ärger. So auch die bereits erwähnte Nymphe Calypso. Eigentlich war sie harmlos und hübsch. Nur eine Macke hatte sie: Sie wollte partout nicht allein leben. Deshalb hielt sie den schiffbrüchigen Odysseus auch mehrere Jahre auf ihrer Insel fest. Erst als der Göttervater Zeus sich einmischte, ließ sie ihn zähneknirschend gen Ithaka ziehen. Als Gegenleistung erbat sie sich von Zeus jedoch ein Seil von 33,4 m Länge, mit dem sie sich männlichen Nachschub von den vorbeifahrenden Schiffen fangen wollte. Die Fahrrinne für die Segler der Griechen war 24,3 m von Calypsos Insel entfernt.
Wie hoch darf Calypso ihren Jagdsitz am Ufer höchstens bauen, damit sie die Seeleute mit ihrem Lasso erwischt *(und wenn sie 2 m Seil eigens für die Schlinge einplant)*?

Die irren Fahrten des Odysseus – Teil 2

(Brüche)

1 Auf der nächsten Insel wartete schon das nächste Abenteuer auf die Irrfahrer. Und wieder hatte ihnen eine Frau den ganzen Schlamassel eingebrockt. Die Zauberin Circe war so vernarrt in Odysseus, dass sie seine 52 Gefährten für absolut verzichtbar hielt. Daher verwandelte sie flugs $\frac{3}{4}$ von ihnen in Schweine. Von diesen $\frac{3}{4}$ beendeten $\frac{2}{3}$ ihr Leben als Rüsselvieh. Den Rest entzauberte Circe Odysseus zuliebe.
Wie viele Gefährten behielten insgesamt ihre menschliche Gestalt und wie viele beendeten ihre Tage als Borstentiere?

2 Normalerweise hätten die Griechen für die Fahrt von der Insel der Circe bis zur nächsten Zwischenstation auf dem Nachbareiland $18\frac{1}{3}$ Stunden gebraucht. Doch Odysseus hatte einen guten Draht zu König Äolos, der für Zeus die Winde verwaltete. Daher kamen er und seine Mannen mit nur $\frac{9}{10}$ der üblichen Segelzeit aus. Bitte berechne, wie lange die Griechen damit bis zum nächsten Hafen benötigten.

3 ! Die nächste Insel auf der Reiseroute von Odysseus gehörte dem weisen Nestor. Gemeinsam hatten sie zehn Jahre lang Troja belagert und als Kriegsbeute dann u.a. Dutzende von einzigartigen goldgelockten Widderfellen davongeschleppt. Odysseus hatte diese Trophäen noch im Laderaum seines Schiffes, aber der weise Nestor saß völlig aufgelöst zwischen der wuscheligen Wolle. Das erste Mal im Leben wirkte er ratlos. „Gut, dass du vorbeischaust“, begrüßte er Odysseus. „Ich brauche dringend deinen Rat! Seit Monaten schon versuche ich, diese 41 Widderfelle gerecht unter meinen 3 Söhnen aufzuteilen. Das Gesetz will es, dass der Älteste die Hälfte, der Mittlere ein Drittel und der Jüngste ein Siebtel der Beute erhält. Geschnitten werden darf auch nicht. Ich weiß nicht, wie ich das anstellen soll, und seit vielen Wochen hallt mein Palast wider vom Gezänk meiner Söhne und Schwiegertöchter. Ich stehe schon mit einem Bein in der Unterwelt!“

Nicht umsonst nannte man Odysseus den „Listenreichen". Nach nur 2 Minuten Bedenkzeit verkündete er: „Heureka! *(auf gut deutsch: Ich hab's!).* Ich lauf mal kurz runter zum Schiff, um etwas zu besorgen. Bin gleich wieder da. Betrachte dein Problem als gelöst."
Bist du ebenso listenreich wie Odysseus? Wie lautet die Lösung für Nestor?

4 Aber auch der Schlaueste hat mal einen schlechten Tag. Und so geschah es an einem nebligen Herbsttag, dass Odysseus beim Navigieren nicht aufpasste und das Schiff aus Versehen in den Hades, das griechische Totenreich, abglitt.
Bedauerlich war, dass viele seiner alten Freunde hier bereits versammelt waren. $\frac{3}{8}$ hatten auf den Siegesfeiern zu sehr dem Wein zugesprochen und waren nicht mehr aus dem Rausch erwacht. $\frac{2}{5}$ von ihnen waren von Zeus aus Rache für die kümmerlichen Opfergaben bei den Siegesfeiern vom Blitz erschlagen und $\frac{1}{7}$ bei der Ankunft in der Heimat von bösen Rivalen ins Schattenreich befördert worden.
- Wie hoch ist der Anteil von Odysseus' Freunden, der sich für immer in den Hades abgemeldet hat?
- Und wie viel Prozent sind das ungefähr?

5 Als Odysseus nach 20 Jahren endlich das heimatliche Ithaka erreichte, erwartete ihn eine unangenehme Überraschung. Seine Frau Penelope war jahrelang von Dutzenden habsüchtiger Freier belagert worden, die die vermeintliche Witwe ehelichen und König werden wollten. Sie hatten den größten Teil des Vermögens verschleudert und der Königin, bildlich gesprochen, die Haare vom Kopf gefressen. Odysseus knöpfte sich die vier Hauptschuldigen vor und verlangte Schadensersatz. Aber natürlich wollte es keiner gewesen sein:
„Ich", sprach Eumäos, „habe höchstens $\frac{11}{28}$ der Schäden verursacht."
„Das sind mit Sicherheit mehr als meine $\frac{12}{29}$", entgegnete ihm Antinoos.
Agelaos behauptete, dass er mit seinen $\frac{6}{76}$ doch sehr bescheiden gewesen sei.
Und Elatos wollte sich allenfalls für $\frac{7}{75}$ entschuldigen.
Vergleiche die Angaben der Freier:
- Wer hat den größten Schaden verursacht?
- Welcher Bruchteil des Vermögens war bei Ankunft von Odysseus noch vorhanden und wie viel müssen die Herren erstatten?

DER MOGELMAGIER

(VOLUMEN)

Magus Moschus ist ein sehr geschickter Magier. Na ja, eigentlich ist er gar kein wirklicher Magier, sondern er verkauft selbst gemixte Tinkturen als „Wundermittel“. Dabei geht er äußerst geschäftstüchtig vor, preist seine Erzeugnisse über das Internet an und verspricht das Blaue vom Himmel herunter. Allerdings bewirken seine Mittelchen keine Wunder. Auch verkauft Magus Moschus Mogelpackungen. Sie haben ihm zwar viel Geld, aber auch eine Menge verärgerter Kunden, etliche Drohbriefe *(an seine Briefkastenfirma)* und ein blaues Auge eingetragen. Verbraucherschützer Kuno Kundig zückt nun Papier und Bleistift, um den Machenschaften von Magus Moschus auf die Schliche zu kommen.

1 Magus Moschus vertreibt seine Produkte in Aufmachungen und Verpackungen, die viel hermachen. So hat er ein ultimatives Haarwuchsmittel („Glatzex“) im Angebot, das sich in einem würfelförmigen Glasbehälter befindet (Kantenlänge 8,6 cm).
Wie viel Volumen wird durch den zylindrischen Stopfen verdrängt (Kreisumfang 9,67 cm), der 3,75 cm tief in den mit Flüssigkeit gefüllten Quader ragt, und wie viel Volumen bleibt für die Haartinktur in dem Würfel?

2 Das Parfüm „Inspiration“ *(mit „garantierter Verführungskraft“)* ist noch luxuriöser verpackt: Das kostbare Duftwasser wird in einem schmalen zylindrischen Flakon (Kreisdurchmesser 2,83 cm, Höhe: 12,7 cm) aufbewahrt, der von einer dickwandigen rechteckigen Glashülle (Breite: 5,67 cm, Tiefe: 3,82 cm, Höhe: 12,75 cm) umgeben ist.
Wie viel zusätzliches Volumen wird hier vorgegaukelt?

3 Das Kraftelixier „Arno Schwarzenschläger“ ist ein Pulver in einem pyramidenförmigen Tetrapack (Kantenlänge der quadratischen Grundfläche: 18,65 cm, Höhe: 16,42 cm). Aber auch er ist umhüllt: von einem würfelförmigen Karton (Kantenlänge: 18,68 cm), der – mal wieder – den Inhalt viel voluminöser erscheinen lässt, als er eigentlich ist.
Um wie viel cm^3 lässt der Karton das Volumen des Tetrapacks größer erscheinen?

4 Der Beruhigungstee „Relax“ hat ausnahmsweise keine besonders aufwändige oder irreführende Verpackung, sondern gehört in eine schmucklose rechteckige Dose von 12,84 cm Höhe, 5,68 cm Tiefe und 8,69 cm Breite. Allerdings findet der Käufer zwischen den Teeblättern auch ein kompaktes Büchlein (1 cm dick, 3,5 breit und hoch) über die richtige Zubereitung des Tees und einen Super-Maxi-Kandiswürfel (1,8 cm mal 5,2 cm mal 3,95 cm).

- Wie viel Tee enthält die Dose wirklich, wenn er pro Gramm durchschnittlich 3 cm^3 einnimmt?
- Welches Ergebnis kann Kuno Kundig notieren, um Moschus endlich und hoffentlich endgültig das Handwerk zu legen?

ZUGUTERLETZT-LIMERICKS

(QUER DURCH DEN RECHENGARTEN)

1 Der Flötist aus der Philharmonie verzieh es nie

Ein Flötist aus der Philharmonie
Dem Trompeter es niemals verzieh,
Dass der viel lauter dröhnte
Und auch viel besser tönte,
Darum zischt er stets wütend: „Du Vieh!“

In der Wiener Klassik sieht es für die Flötisten noch ungünstiger aus: Im Orchester stehen den beiden Flöten durchschnittlich 8 Blechbläser (4 Hörner, 2 Trompeten und 2 Posaunen) gegenüber.
Drücke dieses Verhältnis in Prozent und in Bruchzahlen aus.

2 Die Bibliothekarin aus Spandau war blau

Eine Bibliothekarin aus Spandau,
Die war täglich schon kurz nach zwölf blau.
Sie trank Cognac mit Bier,
Auch beim Likör schrie sie: „Hier!“
Ihre Leber, die meldet sich ab. Au!

Derzeit hat Deutschland etwa 82,5 Millionen Einwohner. Wissenschaftler gehen davon aus, dass 1,6 Millionen von ihnen alkoholabhängig sind. Von den immerhin 9 Millionen Menschen in Deutschland, die regelmäßig zuviel trinken, sind 6 Millionen Männer.
Bitte drücke diese absoluten Zahlen in Prozent aus.

3 Engelbert aus Xanten und die Tanten

Herr Engelbert Ehrlich aus Xanten
Macht sich ausschließlich etwas aus Tanten.
Die Cousine, sein Bruder ...
Für ihn alles nur Luder!
So ist das mit den Verwandten.

Wie viele Nachkommen hatten die Urgroßeltern des 25-jährigen Engelbert Ehrlich, wenn in jeder Generation 4 Kinder geboren wurden und alle am Leben blieben. Mit Engelhards Generation wären das dann wie viele?
Zu guter Letzt könntest du dich noch etwas mit deiner Sippe befassen: Kannst du die letzten 4 Generationen deiner eigenen Familie darstellen? Vielleicht in einem Diagramm oder einem Stammbaum, aus dem hervorgeht, wer alles zu euch gehört? Wenn du jetzt für jede Generation deiner Vorfahren auf der x-Achse die Anzahl ihrer Kinder auf der y-Achse vermerkst und ihr die Ergebnisse in der Klasse vergleicht, dann kannst du vielleicht am Beispiel deiner Familienkurve erkennen, warum die Renten in Deutschland nicht mehr sicher sind.

Lösungen

Dem Täter auf der Spur: Püree und Marmel

1 Püree: 60 Jahre : 80 Jahre = 75 %
Marmel: 4.832 Fälle · 75 % = 3.624 gelöste Fälle /
3.624 Fälle · 50 % = 1.812 Fälle mit 0,7 /
Wenn sie ⅔ ihres Berufslebens Azubine gewesen wäre, dann wäre sie bereits mit 50 in Rente gegangen. 20 Jahre entsprechen aber ⅓ ihres Berufslebens (wenn sie noch mit 80 arbeitet) bzw. 25 % ihres Lebens.

2. 4.832 Fälle : 16 = 302 Fälle /
In 302 : 2 = 151 Fällen befasste er sich also mit kleineren Delikten, in 302 – 151 – 91 = 60 Fällen mit mehr oder weniger interessanten Straftaten.

3. 25 Mio. · 66 % = 16,5 Mio. Frauen waren hingerissen,
22 Mio. · 95 % = 20,9 Mio. Männer waren gelb vor Neid,
22 Mio. – 20,9 Mio. = 1,1 Mio. Fußballfans war Püree egal.

4. Insgesamt gab es 55 · 40 = 2.200 Verdächtige.
- 40 % entsprechen 880 Personen aus dem Landadel.
- 20 % entsprechen 440 Majoren.
- 12 % entsprechen 264 Pfarrern.
- 176 Ärzte entsprechen 8 %.
- 154 Gärtner sind 7 % aller Verdächtigen.
- 5 % entsprechen110 Rechtsanwälten.
- 4 % der Verdächtigen sind 88 Kunstmaler.
- 66 Lehrer entsprechen nur 3 %.
- 22 Butler sind 1 % aller Tatverdächtigen.

Damit hat der Klub ein Drittel der Prozentangaben (3 von 9 Ergebnissen), d.h. $33,\overline{3}$ % falsch angegeben. Entsprechend stimmen 6 von 9 absoluten Zahlen nicht. Das macht zwei Drittel oder $66,\overline{6}$ %.

Wenn du die absoluten Zahlen der Anzeige addierst, dann erhältst du 2.200 Verdächtige. Bei den Prozentangaben war der Klub aber großzügig. Deren Summe ergibt nämlich 105 % statt 100 %.

Schneewittchen – Teil 1: Wie es weiterging

1. 24 l Buttermilch, 22,5 l Olivenöl, 2 l Gänseschmalz /
Im Unterschied zu den 48,5 l Kosmetik
verbrauchten die Zwerge 135 l Glasreiniger.

2. Das wird konsumiert:
   - 5 l Bier pro Gast (520 l Bier : 104)
   - 3 Thüringer pro Gast (246 Thüringer : 82, nicht: 8 Vegetarier, Bahnchef, 13 Würstchenhasser)
   - 2 Weißwürstel pro Gast (164 Weißwürstel : 82, nicht: 8 Vegetarier, Bahnchef, 13 Würstchenhasser)
   - 4 Döner pro Würstchenhasser (56 Döner : 13)
   - 2 Sojaburger pro Vegetarier (16 Sojaburger : 8)
   - 0,757 kg Kartoffelsalat (19,5 kg Salat : (103 : 4), nicht: Bahnchef)
   - 0,25 kg Mousse au Chocolat (26 kg Mousse : 104)

3. Die Klunkerkette hat 111,3 Karat.
Die Diamanten wiegen 67,5, die Rubine 1,
die Smaragde 6, die Aquamarine 32
und die Topase 4,8 Karat.
Das sind 22,26 g Edelsteine.

4. Jeder nimmt in 52 Wochen 0,52 l Sekt,
17,94 kg Strammen Max, 13 l Kaffee
und 2,08 kg Pfefferminzbonbons zu sich;
das macht 13,52 l Flüssigkeit und 20,02 kg feste Nahrung.
Wenn Schneewittchen den Strammen Max
32 Wochen boykottiert, entfallen auf Schneewittchen
nur 6,9 kg dieser Köstlichkeit, d.h. 8,98 kg feste Nahrung.

Schneewittchens Brautkleid

1. 1 Stunde hat 60 · 60 Sekunden = 3.600 Sekunden,
also konnte sie den Satz 750-mal in einer Stunde aufsagen.

2. Rumpelstilzchen musste sich den Satz
in der 2. Stunde 960-mal anhören und dabei
1.728 Versprecher über sich ergehen lassen.

3. Pro Satz benötigt Rumpelstilzchen genau 3 Sekunden.

4. Rapunzel brauchte 1,78 l Limonade, Rumpelstilzchen 2,76 l Bier.

5. 17 Gäste stammen aus dem gallischen Dorf.
Die 3.672 „'Och"-Rufe bringen eine Zeitersparnis von 44.064 Sekunden.
Die Kellner mussten 8,194 Liter Cidre ranschleppen.

Schneewittchen – Teil 2: Die Zeit danach

1. Schneewittchen verdiente 5.994 €. Nach Abzug der Schulden blieben ihr 1.665 € für die Babyausstattung.

2. Schon Goethe wusste, dass die Zitronen eher in Italien blühen, oder anders ausgedrückt: Bei 11 Grad Frost ist mit Zitronenbäumen kein Gewinn zu machen.

3. Die Eltern erhalten monatlich 308 € Kindergeld.

4. Legt man das Jahr 2005 zugrunde, so sind 38.505 Jahre ins Land gegangen.

5. Die Neandertaler existierten etwa 115.000 Jahre, während es – zum Vergleich – den „modernen Menschen" erst seit 35.000 Jahren gibt.

Robinson und Freitag – Teil 1: Freunde oder Fressfeinde?

1. Seine Insel hat eine Fläche von 21.080.000 m^2 bzw. 21,08 km^2. Bei einem Durchmesser von 58,3 m ergibt sich eine Seefläche von rund 2.669,48 m^2. Somit hatten die Bewohner tatsächlich nur einen Lebensraum von 21.077.330,52 m^2 auf der Insel.

2. Jeder verfügte über 10,54 km^2 Lebensraum (einschließlich Kratersee).

3. 60 Ziegen

4. 75 Kokospalmen / Es müssen 15 Ziegen weniger gezüchtet werden; 45 Ziegen bleiben den beiden.

Robinson und Freitag – Teil 2: Trostlose Tropen

1. Die Insel hat eine Fläche von rund 2.010.619 m^2, also ca. 2,01 km^2.
   Sie ist also viel kleiner als Robinsons Insel.

2. Der Umfang der Insel beträgt (bei $\pi = 3{,}141$)
   rund 5.025,6 m (5,026 km).
   Somit lief Freitag täglich 30.153,6 m (rund 30,154 km),
   also (bei gerundeten Tageskilometern)
   wöchentlich 211,078 km,
   monatlich (30 Tage) 904,62 km
   und jährlich (365 Tage) 11.006,21 km.

3. Freitag braucht 1.329 Tage, also rund 3,64 Jahre
   (3 Jahre 7 Monate 23 Tage).

4. Die Segel haben die gerundeten Maße 5,04 m^2 und 6,36 m^2
   (im Unterschied zu den geforderten, gerundeten 5,06 m^2
   und 6,01 m^2), das müsste also genügen.

5. 318-mal

Familie Mieke

1. 7.628.346 Minuten = 59 · 365 · 354 Minuten + 14 · 354 Minuten (mit 14 Schaltjahren gerechnet), also 127.139,1 Stunden
   Alternative: 1 Tag = 24 · 60 Minuten = 1.440 Minuten
   354 Minuten : 1.440 Minuten ≈ 0,25
   59 Jahre · 0,25 ≈ 14,5 Jahre

2. In 708 Monaten kommt er auf 13.098 Waschmittel-Werbespots.

3. Das macht in 20 Jahren 69.120 Spots.
   Sein Schimpfen und Schwärmen beläuft sich in zwanzig Jahren auf 23.040-mal,
   in fünf Jahren, bis er jeweils ein neues Auto kauft, auf 5.760-mal.

4. Ottos Idealgewicht liegt bei 20 kg, sein tatsächliches Gewicht beträgt 22,4 kg;
   Evelyn hat ein Wunschgewicht von 78,8 kg, bringt aber tatsächlich 104,8 kg auf die Waage.

5. Das mütterliche Schimpfen summiert sich pro Jahr auf 98.550 Sekunden, das sind immerhin 27 Stunden, 22 Minuten und 30 Sekunden.

6. 35.040 Seiten pro Jahr /
   Wenn sie am 1. 1. 2005 mit dem Lesen begännen, kämen sie in den 8 Jahren auf 280.320 Seiten (ohne Schalttage).

Der Elefant im Porzellanladen

1. Der Haufen besteht aus 6.647 Scherben und ist insgesamt 1.728,22 € wert.

2. 668,25 €

3. a) 39,30 €
   b) 226,45 €
   c) Bezahlen musste er 653,37 €;
   durch den Rabatt konnte er 122,88 € sparen.
   d) 912,20 €; das entspricht exakt
   2.219,987496 Tongaischen Pa'anga.

Zwischendurch: drei Limericks

1. Der Säugling aus Wanne in der Kanne (aus: Alles Unsinn. Deutsche Ulk- und Scherzdichtung von ehedem bis momentan, Berlin 1969):
   Der Säugling feierte am 16. November 2002 seinen 18. Geburtstag und hatte bis dahin 5.574 Tage in der Kanne gesessen.
   (Die 4 Schaltjahre 1988, 1992, 1996 und 2000 schlagen mit je 366 Tagen zu Buche, die übrigen 13 Jahre mit 365 Tagen.)

2. Das Verdauen des Dackels aus Nauen:
   Bei 14 · 7 = 98 Brechattacken fallen folgende Kosten an:
   - Für Fleisch: 98 · 0,42 € = 41,16 €
   - Für Teppichreinigung: 98 · 4,5 · 5,20 € = 2.293,20 €
   - Für die Strafe: 98 · 20 € = 1.960 €

   Das macht insgesamt 4.294,36 €. Pro Jahr sind das 306,74 €.

3. Herr von und zu Knaus und die Laus:

Nach ...	... hat er ...	Das sind zusammen ...
30 Tagen	3 Läuse und 900 Nissen	903 Läuse
60 Tagen	900 Läuse und 270.000 Nissen	270.900 Läuse
90 Tagen	270.000 Läuse und 81.000.000 Nissen	81.270.000 Läuse
120 Tagen	81.000.000 Läuse und 24.300.000.000 Nissen	24.381.000.000 Läuse
150 Tagen	24.300.000.000 Läuse und 7.290.000.000.000 Nissen	7.314.300.000.00 Läuse
Die Läusebevölkerung wächst *explosionsartig.*		

Nach ...	... hat er bei Kammeinsatz alle 30 Tage ...	Das sind zusammen ...
30 Tagen	3 Läuse und (15 % von 900 =) 135 Nissen	138 Läuse
60 Tagen	135 Läuse und (15 % von 300 · 135 =) 6.075 Nissen	6.210 Läuse
90 Tagen	6.075 Läuse und (15 % von 300 · 6.075 =) 273.375 Nissen	279.450 Läuse
120 Tagen	273.375 Läuse und (15 % von 300 · 273.375 =) 12.301.875 Nissen	12.575.250 Läuse
150 Tagen	12.301.875 Läuse und (15 % von 300 · 12.301.875 =) 553.584.375 Nissen	565.886.250 Läuse
Der seltene Einsatz des Läusekamms hellt das Bild *etwas* auf.		

Nach ...	... hat er bei Kammeinsatz alle 10 Tage (ab 30. Tag) ...	Das sind zusammen ...
30 Tagen	3 Läuse und (15 % von 900 =) 135 Nissen	138 Läuse
40 Tagen	15 % von 138 Läusen	20,7 Läuse
50 Tagen	15 % von 20,7 Läusen	3,11 Läuse
60 Tagen	15 % von 300 · 0,11	4,95 Läuse
70 Tagen	15 % von 4,95 Läusen	0,74 Läuse
80 Tagen	15 % von 0,74 Läusen	0,11 Läuse
90 Tagen		0 Läuse
Hier wurde am 60. und 90. Tag jeweils ignoriert, ob die alten Läuse noch im Haar sitzen. Sie wurden abgezogen. Nach 90 Tagen ist er die Läuse los.		

Nach ...	... hat er bei täglichem Kammeinsatz (ab 30. Tag) ...	Das sind zusammen ...
30 Tagen	3 Läuse und (15 % von 900 =) 135 Nissen	138 Läuse
31 Tagen	15 % von 138 Läusen	20,7 Läuse
32 Tagen	15 % von 20,7 Läusen	3,11 Läuse
33 Tagen	15 % von 3,11 Läusen	0,47 Läuse
34 Tagen	15 % von 0,47 Läusen	0,07 Läuse
35 Tagen	15 % von 0,07 Läusen	0,01 Läuse
36 Tagen	15 % von 0,01 Läusen	0 Läuse
So wird er die Läuse schnell wieder los.		

GEHEIMAGENT JAMES BLOND

1. 3.534-mal

2. In Wirklichkeit waren es 3.800 Damen,
laut Miss Moneycents Statistik „nur“ 2.850 Ladys.

3. In Wirklichkeit waren es 1.672 Blondinen,
1.216 Brünette sowie 912 Rote u. a.;
Miss Moneycent hatte 1.254 Blondinen,
912 Brünette sowie 684 Rote u. a. errechnet.

4. 456 (= 0,16 · 2.850) seiner Freundinnen trugen denselben Namen.
Er musste sich also 2.395 (= 2850 – 456 + 1) Namen merken.

Die berufliche Eingliederung der Vampire

1. Das macht monatlich 5.248 Dosen.

2.

Rutzigs Beute	Ideal	Real	Differenz/ Verlust
Radieschen	2.700 Stück 132,30 €	2.100 Stück 102,90 €	600 Stück 29,40 € 22,22 %
Tomaten	1.600 Stück 296 €	1.400 Stück 259 €	200 Stück 37 € 12,5 %
Zusammen	428,30 €	361,90 €	66,40 € 15,5 %

3. 4,5 l monatlich (30 Tage à 0,15 l)

4. 8.060 (= 5 · 52 · 682 : 22) anderen Vampiren
(52 Wochen mit lesefreien Wochenenden)

Die Rubriken des „Nachtkuriers"

1. 430.155 Leser sind 99 % von 434.500 (= 4 · 108.625) Lesern.

2. Von den 217.250 Leserinnen sind nur 134.695 im passenden Alter.

3. 39.105 männliche sowie 47.795 weibliche Leser /
17.380 Leser, davon 7.821 männliche und 9.559 weibliche,
lesen nur die Überschriften

4. 1.510 Schwalben /
151 Leser (4 % der jungen Vampire und 20 % der Rätsler)
lieben Witze, scheitern aber an den Bilderrätseln.
755 Rätsler gibt es insgesamt, also 604 restliche Rätsler.
302 können über die Witze nicht einmal lächeln.
151 lieben den Fortsetzungsroman über alles.

Die verfeindeten Nachbarburgen

1. 4,2 m^3 Gülle
2. 1,68 m^3 Schleim
3. 22,14 m^3 Raum zum Verschnaufen
4. 0,185 m^3 Zutaten = 185 dm^3 = 185.000 cm^3
5. 4.277 m^3 Gülle mussten sie abwaschen und
61.523 m^3 Gülle aus dem Burggraben entfernen.

Alices aberwitzige Abenteuer im Wunderland – Teil 1

1. Die riesenhafte Alice maß (1,42 m · 10,5 =) 14,91 m.
1 % davon sind 0,1491 m, d. h. rund 14,91 cm.
104 % ihrer Ausgangsgröße entsprechen
1,4768 m oder rund 1,48 m.

2. Bei einem Umfang von 424 cm ergibt
sich eine Fläche von 14.306,1 cm^2.
Davon abzuziehen sind 19,36 cm^2 für das Quadrat
und 12,95 cm^2 für das Rechteck.
Es verbleiben 14.273,79 cm^2 oder rund 1,427 m^2.
3. 17 Sekunden pro Auster /
weitere 1.241 Sekunden für den Kindergarten /
481 kcal für Menü 1 und 949 kcal für den „Kinderteller",
also insgesamt 1.430 kcal
4. 8 Gedecke zu je 3 Teilen = 24; zuzüglich dem Teekännchen, der Zucker- und der Keksdose (je 2-teilig) und 6 weiteren Teilen macht das insgesamt 36 Teile, von denen $\frac{5}{6}$ kaputt sind, sodass 6 Teile bleiben.
Zu ersetzen sind daher 30 Teile.

5. Das Zimmer hat ein Volumen von 15,824 m^3,
das heißt, man braucht 15.824 Liter um es zu füllen.
Ein Tränenteich von 15 cm Höhe würde 1,032 m^3 einnehmen
und dafür müsste Alice 1032 Liter Tränen vergießen.
Bei einer Tränenproduktion von 60 Litern pro Minute
braucht es 17 Minuten und 12 Sekunden,
bevor der Tränenteich ihre Knöchel umspült.
Das Wasser braucht 80 Sekunden, um durch die Tür abzufließen.

Alices Abenteuer – Teil 2: Von Herzköniginnen und Hummern

1. Es wurden 32^4 oder 1.048.576 Blütenblätter koloriert.

2. Auf jede Spielkarte entfallen 32^3 (= 32.768) Blütenblätter.
Multipliziert mit 15 macht das 491.520 Sekunden
(8.192 Minuten oder rund 136,5 Stunden), was etwa 5,7 Tagen entspricht.
Für alle 32 Sträucher braucht eine Karte dann rund 182,4 Tage (26,1 Wochen).

3. Eine Zeitersparnis von 20 % pro Blütenblatt
reduziert den Zeitaufwand von 15 auf 12 Sekunden.
Entsprechend ändern sich die Zahlen: Eine Spielkarte
braucht 393.216 Sekunden (was 6.553,6 Minuten,
109,2 Stunden oder 4,5 Tagen entspricht).

4. Rein rechnerisch rund (93,6 : 36 =) 2,6 m^2 pro Tanzpaar /
Tatsächlich (93,6 : 48 =) 1,95 m^2 für die Schildkröten
und Lachse, 3,9 m^2 für die Seehunde /

5. Nein, die verbleibenden Paare brauchen für die
Hummerpolonaise eine Fläche von
($17 \cdot 1{,}95\ m^2 + 10 \cdot 3{,}9\ m^2 =$) 72,15 m^2,
sie haben aber nur 68,64 m^2 zur Verfügung,
Tendenz abnehmend, wegen der Flut.

6. Bei einem Radius von 85 cm ergibt sich
ein Kreisumfang von rund 534 cm und
eine Fläche von 22.698 cm^2 bzw. rund 2,27 m^2.
Nein, denn 16 Paare benötigen mindestens 46,24 m^2,
also eine Seitenlänge von mindestens 6,8 m,
sie haben aber nur 45,56 m^2.

7. Achtung: Wenn man um x Prozent wächst, hat man
anschließend 100 + x Prozent der ursprünglichen Größe!
Die Herzkönigin hat Recht,
sie ist mit ihren 2,15 m die Größte!
Ihr folgt das Kaninchen mit 1,98 m.
Der Hutmacher erreicht rund 1,94 m.
Das Walross misst noch stattliche 1,63 m,
selbst wenn es rund 29 cm eingebüßt hat.
Alice mit ihren 1,48 m ist die Kleinste
(vgl. Teil 1, Aufgabe 1).

Tarzans tierischer Zahlenschungel

1. Die Reihenfolge gestaltet sich wie folgt:
   Der Gorilla herrscht über 12,6 km^2.
   Die Käfersammler kontrollieren 14,45 km^2.
   Tarzans Reich ist mit 32,56 km^2 nicht besonders groß.
   Jane hat mit 34,21 km^2 noch etwas mehr.
   Häuptling Lumumba wird mit 55,19 m^2 Zweiter.
   Unangefochtene Siegerin ist die
   Tse-Tse-Fliege mit 132,25 km^2 Sumpfland.

2. 2.000 Zecken

3. Die der Krokodilzecken; 468.000 Zecken
   stehen 371.293 Termiten gegenüber.

4. Der Entomologe: In der Baumhütte hat jeder 7,56 m^2,
   Charlottes Käfig bringt es auf 11,04 m^2
   (hoffentlich hatte sie ab und an mal Auslauf),
   während der Käferforscher auf 12,68 m^2 herumwuselt.

Weitere Zwischendurch-Limericks

1. 63 Piercings, vorausgesetzt, sie
   findet genügend Körperteile.
   Insgesamt wiegen ihre Edelsteine dann 21,8 g.

2. Glitsch hat 216 Schweine massiert und dafür
   1.296 Dosen marokkanische Mandelmuspaste verbraucht.

3. Der Diätverlauf ist wie folgt (jeweils mit gerundeten Werten weitergerechnet):

Parzival wiegt nach dem ...	
– ... 1. Monat: 450 kg	– ... 11. Monat: 156,906 kg
– ... 2. Monat: 405 kg	– ... 12. Monat: 141,215 kg
– ... 3. Monat: 364,5 kg	– ... 13. Monat: 127,094 kg
– ... 4. Monat: 328,05 kg	– ... 14. Monat: 114,385 kg
– ... 5. Monat: 295,245 kg	– ... 15. Monat: 102,947 kg
– ... 6. Monat: 265,721 kg	– ... 16. Monat: 92,652 kg
– ... 7. Monat: 239,149 kg	– ... 17. Monat: 83,387 kg
– ... 8. Monat: 215,234 kg	– ... 18. Monat: 75,048 kg
– ... 9. Monat: 193,711 kg	– ... 19. Monat: 67,543 kg
– ... 10. Monat: 174,340 kg	– ... 20. Monat: 60,789 kg

Parzival braucht also mehr als anderthalb Jahre für seine Kur:

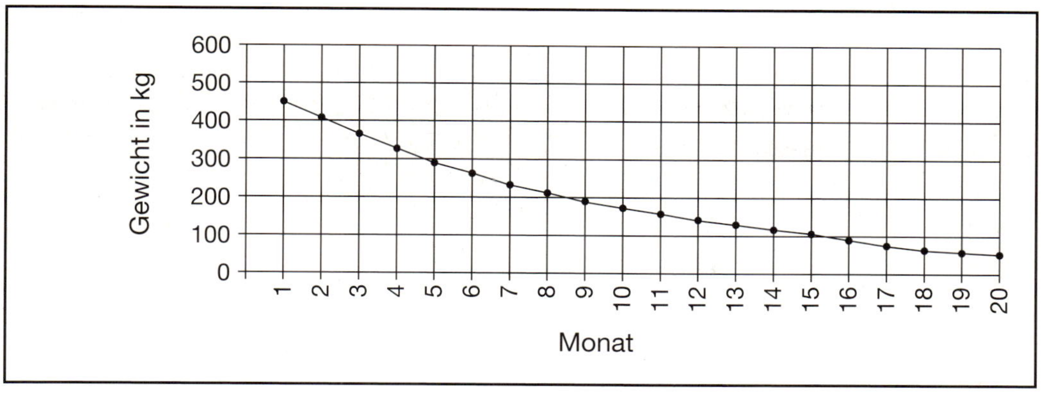

OTTOS MOPS

1. 24 Katzen
2. (60 – 3 =) 57 Regenwürmer
3. 15 Vögel
4. 5 Pudeldamen

SCHMIDTCHEN-SCHLEICHER

1. 12.320 € fordert er: 3.500 € + 36 · 3.500 € · 7 % (ohne Zinseszinsen berechnet).
   826 € bekommt er: 3.500 € : 5 = 700 € plus 36 · 700 € · 0,5 %.

2. 44,44 € Plus mit Isolde Schönguts Anlage: 8.888 € · 6 % : 12.
   Nein, mit 45,33 € hätte er Frau Schönguts Vorlage um 89 Cent übertroffen: 8.888 € · 0,017 % · 30.

3. 115 € / Nein, dafür fehlt ihm 1 €; der Flaschenpreis liegt 12,5 Cent über seinem Limit.

4. Auf die Gesamtsumme von 38.201,63 €, der Schuldenberg hat sich also um 5.201,63 € erhöht:

	5 % pro Jahr	**33.000 €**
1. Jahr	+ 1.650 €	34.650 €
2. Jahr	+ 1.732,50 €	36.382,50 €
3. Jahr	+ 1,819,13 €	38.201,63 €

5. 33.000 € · 4,5 % : 12 = 123,75 €; das sind 123,75 € : 495 € = 25 % seines Lohnes.

Die Gemäldegalerie

1. 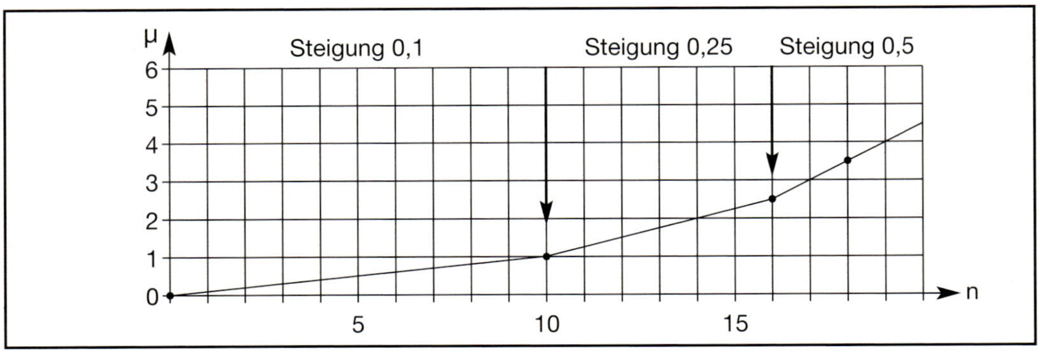

So setzt sich der Graph zusammen:
- Bis zum 10. Bild: $\mu = 0{,}1 \cdot n$
- Zwischen 10. und 16. Bild: $\mu = 0{,}25 \cdot n - 1{,}5$
- Ab 16. Bild: $\mu = 0{,}5 \cdot n - 5{,}5$

2. Bei $\mu = 145{,}5$.

3. Beim 111. Bild: $\beta = 100 - \mu$ wird mit μ gleichgesetzt, Lösung $\mu = 50$, dann in $\mu = 0{,}5 \cdot n - 5{,}5$ eingesetzt und nach n aufgelöst.

4. Der μ-Wert läge bei 78.
Die Höhe des μ-Wertes entspricht immer dem Doppelten der um 1 erhöhten Menge der Bilder, bzw. kann man jeweils auch die Zahl der Bilder verdoppeln und 2 addieren, also $\mu = 2 \cdot (n + 1)$ bzw. $\mu = 2 \cdot n + 2$.

5. Beim 91. Bild: $\zeta = 2{,}5 \cdot (0{,}5 \cdot n - 5{,}5)$ nach n auflösen.

Das Nikolaus- und Osterhasen-Therapieseminar

1. Nikolaus

	pro Tag		**in 14 Tagen**	
Doppelgänger	**exakt**	**gerundet auf 100er**	**exakt**	**gerundet auf 1.000er**
Doppelgänger mit Rauschebart	2.511	2.500	35.154	35.000
Doppelgänger, die für Geschäfte Reklame machen	2.527	2.500	35.378	35.000
Doppelgänger, die unter dem roten Deckmantel Einbrüche begehen oder Handtaschen klauen wollen	413	500	5.782	6.000
Summe	5.451	5.500 (· 14 →)	76.314	76.000 77.000

14 · Summe der auf Hunderter gerundeten Tageswerte übertrifft die gerundete Summe der exakt berechneten 14-Tagewerte um schlanke 1.000.

2. Osterhase

Formguss	exakt	gerundet auf 1.000er
Groß mit Glöckchen	796.599	797.000
Lila ohne Glöckchen	1.111.123	1.111.000
Klein ohne Glöckchen	123.713	124.000
Klein mit Glöckchen, der Klassiker	1.879.468	1.879.000
Klein mit Kremfüllung	15.488	15.000
	3.926.391	3.926.000

Die Differenz beträgt 391 Osterhasen.

3. Knecht Ruprecht

Respektvolle Kinder	exakt	gerundet auf 1.000er
1950	11.346.718	11.347.000
1960	958.465	958.000
1970	491.723	492.000
1980	132.489	132.000
1990	97.110	97.000
2000	40.009	40.000
dieses Jahr	29.419	29.000
Summe respektvoller Kinder	13.095.933	13.095.000
Unterschied zwischen 1950 und heute	11.317.299	11.317.000

4. a) 402.000 Glühbirnen
   b) 399.000 Nikoläuse wurden zu Osterhasen,
   227.000 Osterhasen zu Nikoläusen umgeschmolzen.
   c) 35.000 Spekulatius und 55.000 Lebkuchen
   wurden in Pforzheim vor der Adventszeit verzehrt.

METHUSALIX

1. 400 Beschimpfungen

2. Ihre schlechte Stimmung entspricht der Zahl 12.167.

3. Das mathematische Äquivalent zu Methusalines Beschwerden ist 207.360.000.

4. Sie vergießt $29^5 = 20.511.149$ Freudentränen.

DER TURNER AXEL SCHWEISS

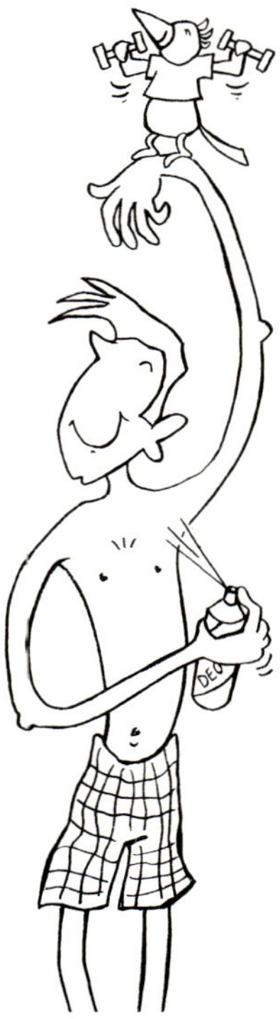

1. 36 zusätzliche Pokale und Siegernadeln, insgesamt also 52.

2. 341.640, und zwar so: $\frac{104 \cdot 4 \cdot 365}{40} \cdot \frac{2 \cdot 225}{5}$

3. Um den Wert 1.533 erhöhte Chancen: Man rechnet mit 36 zusätzlichen Pokalen, 1.460 Kraftriegeln pro Jahr, 219 eingesparten Riegeln und daher 73 Deodorants sowie 1.241 verbliebenen Riegeln:

   $\frac{73 \cdot 36}{9} + 1.241$

4. 708 Blumen

DIE IRREN FAHRTEN DES ODYSSEUS – TEIL 1

1. Die Länge der Lanze (c) wird nach der Formel c = Wurzel aus [(Höhe des Auges über der Griechenschulter)^2 + (Distanz zum Gebüsch)^2] berechnet. Der gerundete Wert für a^2 (Höhe des Auges) beträgt 21,25 m, für b^2 (die Distanz zum Gebüsch) 11,16 m. Das macht zusammen 32,41 m. Zieht man die Wurzel, erhält man rund 5,69 m. Minus 0,75 m (Armlänge des Griechen) plus 1,50 m zusätzlicher Lanzenlänge ergibt das 6,44 m.

   Die Taktik der Griechen richtet sich nach folgender Formel: (Mindestabstand zu Polyphem)^2 = (Reichweite der Lanze + Armlänge des Griechen)^2 – (Höhe des Auges)^2. Das macht 22,28 m^2 – 21,25 m^2 = 1,03 m^2. Zieht man die Wurzel, ergibt sich ein Abstand von 1,01 m. Ziemlich riskant, besonders für den Fall, dass Polyphem lange Arme hat.

2. Folgende Formel gilt: (Mindestlänge des Seils ohne die Seillänge zum Vertäuen und Einpflocken)^2 = (Höhe des Pfostens)^2 + (Mindestabstand)^2. Macht nach dem Wurzelziehen 2,42 m. Plus 0,2 m (Seillänge zum Vertäuen und Einpflocken) = 2,62 m. Multipliziert mit 4 macht das 10,48 m. Die Seilerei war somit nur bedingt erfolgreich.

3. Die folgende Berechnung schafft Klarheit: $(\text{Länge der Hälse})^2 = (\text{Höhe des Felsens})^2 + (\text{Schiffsabstand})^2$. Das macht 72,25 + 104,04 = 176,29. Zieht man die Wurzel, ergeben sich 13,28 m. Ein Kurswechsel ist somit geboten, zumal sie ja nicht flach im Wasser liegen.

4. Die Navigation richtet sich nach folgender Formel: $(\text{Mindestabstand})^2 = (\text{Reichweite des Gesangs})^2 - (\text{Höhe des Turms})^2$. Das heißt 34.782,25 m – 585,64 m = 34.196,61 m. Zieht man die Wurzel, ergibt sich ein Mindestabstand von 184,92 m.

5. Calypso muss nach folgender Formel bauen: $(\text{maximale Höhe des Jagdsitzes})^2 = (\text{Länge des Lassos} - 2\text{ m für die Schlinge})^2 - (\text{Abstand der Fahrrinne})^2$. Das macht $985{,}96\text{ m}^2 - 590{,}49\text{ m}^2 = 395{,}47\text{ m}^2$. Zieht man die Wurzel, erhält man eine Höhe von 19,89 m.

Die irren Fahrten des Odysseus – Teil 2

1. $\frac{3}{4}$ von 52 sind $\frac{156}{4}$ oder 39 Schweine. Multipliziert man die $\frac{156}{4}$ mit $\frac{2}{3}$, dann erhält man $\frac{312}{12}$ oder 26 Schweine. Addiert man zu den ursprünglich 13 unverwandelten Gefährten die Differenz zwischen 39 und 26 (d. h. 13), so erhält man 26 menschliche Gestalten.

2. Zuerst wandelt man die gemischte Zeitangabe in einen echten Bruch um. Aus 18 $\frac{1}{3}$ werden somit $\frac{55}{3}$. Diesen Bruch multipliziert man mit $\frac{9}{10}$. Das macht $\frac{495}{30}$ oder 16 $\frac{1}{2}$ Stunden.

3. Odysseus holt aus dem Laderaum eines seiner goldgelockten Widderfelle und wirft es auf den Stapel in Nestors Palast. Damit liegen dort 42 Vliese. Der älteste Sohn bekommt davon 21, der mittlere 14 und der jüngste 6. Das macht zusammen 41. Das übrig gebliebene Vlies nimmt Odysseus wieder mit auf sein Schiff.

4. Die Addition lautet: $\frac{3}{8} + \frac{2}{5} + \frac{1}{7}$. Der kleinste gemeinsame Nenner ist 280. Somit ergeben sich folgende erweiterte Brüche: $\frac{105}{280} + \frac{112}{280} + \frac{40}{280}$. Das macht $\frac{257}{280}$. Was knapp 92 % entspricht.

5. Am einfachsten ist es, die Brüche zum Vergleich in Dezimalzahlen zu verwandeln. Man kann sie natürlich auch auf einen gemeinsamen Nenner erweitern.
- Eumäos: $\frac{11}{28}$ = 11 : 28 = 0,3928571
- Antinoos: $\frac{12}{29}$ = 12 : 29 = 0,4137931
- Agelaos: $\frac{6}{76}$ = 6 : 76 = 0,0789474
- Elatos: $\frac{7}{75}$ = 7 : 75 = 0,0933333

Somit ist Antinoos der größte Schadensstifter. Addiert man die Brüche, so macht das zusammen einen verprassten Vermögensanteil von 0,9789309 für alle vier Freier und einen Rest von 0,02. Damit sind nur noch etwas mehr als 2 % des Vermögens vorhanden.

Wenn man sich die Mühe macht, die Brüche zu erweitern, sieht die Rechnung wie folgt aus:
Der gemeinsame Nenner errechnet sich bei auf $\frac{3}{38}$ gekürzten $\frac{6}{76}$ aus 28 · 29 · 38 · 75 = 2.314.200.
Damit ergibt sich im Zähler folgende Summe:
909.150 + 957.600 + 182.700 + 215.992 = 2.265.442.

DER MOGELMAGIER

Auf drei Stellen hinter dem Komma gerundet:

1. Der Würfel hat ein Volumen von 636,056 cm^3, der Zylinder von 27,9 cm^3; es verbleibt ein Volumen von 608,156 cm^3 für die Haartinktur.

2. Der innere Parfümflakon hat ein Volumen von 79,883 cm^3, die Flasche insgesamt von 276,157 cm^3, die Glashülle von 196,274 cm^3.

3. Die Pyramide hat ein Volumen von 1.903.748 cm^3, der Karton von 6.518,244 cm^3; er lässt das Volumen des Tetrapacks also um 4.614,496 cm^3 größer erscheinen.

4. Die Dose hat ein Volumen von 633,772 cm^3; davon verdrängt das Buch 12,25 cm^3, der Kandiswürfel 36,972 cm^3. Für den Tee bleibt ein Volumen von 584,550 cm^3, das 194,85 g (statt 211,257 g) entspricht.

ZUGUTERLETZT-LIMERICKS

1. Von den 10 Musikern sind 20 % (1⁄5)
Flötisten und 80 % (4⁄5) Blechbläser.

2. 1,9 % der Deutschen sind alkoholabhängig.
10,9 % trinken regelmäßig zu viel.
2⁄3 bzw. $66,\overline{6}$ % davon sind Männer;
das sind rund 7,3 % der Gesamtbevölkerung.

3. Die Urgroßeltern hatten 4 Kinder.
In der Generation der Großeltern
waren es 4 · 4 also 16 Kinder.
Engelberts Mutter und ihre Altersgenossinnen
setzten 64 (= 16 · 4) Kinder in die Welt.
Somit brachten es Engelberts Urahnen
auf 84 Nachfahren.